Traité élémentaire de la peinture

de

Léonard de Vinci

1803

Table des matières

PRÉFACE.
LA VIE DE LÉONARD DE VINCI.
Introduction :
CHAPITRE PREMIER. Quelle est la première étude que doit faire un jeune Peintre.
CHAPITRE II. À quelle sorte d'étude un jeune Peintre se doit principalement appliquer.
CHAPITRE III. De la méthode qu'il faut donner aux jeunes gens pour apprendre à peindre.
CHAPITRE IV. Comment on connoît l'inclination qu'on a pour la Peinture, quoiqu'on n'y ait point de disposition.
CHAPITRE V. Qu'un Peintre doit être universel, et ne se point borner à une seule chose.
CHAPITRE VI. De quelle manière un jeune Peintre doit se comporter dans ses études.
CHAPITRE VII. De la manière d'étudier.
CHAPITRE VIII. Ce que doit faire un Peintre qui veut être universel.
CHAPITRE IX. Avis sur le même sujet.
CHAPITRE X. Comment un Peintre se doit rendre universel.
CHAPITRE XI. Comment on connoît le progrès qu'on fait dans la Peinture.
CHAPITRE XII. De la manière d'apprendre à dessiner.
CHAPITRE XIII. Comment il faut esquisser les compositions d'histoires, et les figures.
CHAPITRE XIV. Qu'il faut corriger les fautes dans ses ouvrages, quand on les découvre.
CHAPITRE XV. Du jugement qu'on doit porter de ses propres ouvrages.
CHAPITRE XVI. Moyen d'exciter l'esprit et l'imagination à inventer plusieurs choses.
CHAPITRE XVII. Qu'il est utile de repasser durant la nuit dans son esprit les choses qu'on a étudiées.
CHAPITRE XVIII. Qu'il faut s'accoutumer à travailler avec patience, et à finir ce que l'on fait, devant que de prendre une manière prompte et hardie.
CHAPITRE XIX. Qu'un Peintre doit souhaiter d'apprendre

les différens jugemens qu'on fait de ses ouvrages.
CHAPITRE XX. Qu'un Peintre ne doit pas tellement se fier aux idées qu'il s'est formées des choses, qu'il néglige de voir le naturel.
CHAPITRE XXI. De la variété des proportions dans les figures.
CHAPITRE XXII. Comment on peut être universel.
CHAPITRE XXIII. De ceux qui s'adonnent à la pratique avant que d'avoir appris la théorie.
CHAPITRE XXIV. Qu'il ne faut pas qu'un Peintre en imite servilement un autre.
CHAPITRE XXV. Comment il faut dessiner d'après le naturel.
CHAPITRE XXVI. Remarque sur les jours et sur les ombres.
CHAPITRE XXVII. De quel côté il faut prendre le jour, et à quelle hauteur on doit prendre son point de lumière, pour dessiner d'après le naturel.
CHAPITRE XXVIII. Des jours et des ombres qu'il faut donner aux figures qu'on dessine d'après les bosses et les figures de relief.
CHAPITRE XXIX. Quel jour il faut prendre pour travailler d'après le naturel ou d'après la bosse.
CHAPITRE XXX. Comment il faut dessiner le nud.
CHAPITRE XXXI. De la manière de dessiner d'après la bosse, ou d'après le naturel.
CHAPITRE XXXII. Manière de dessiner un paysage d'après le naturel, ou de faire un plan exact de quelque campagne.
CHAPITRE XXXIII. Comment il faut dessiner les paysages.
CHAPITRE XXXIV. Comment il faut dessiner à la lumière de la chandelle.
CHAPITRE XXXV. De quelle manière on pourra peindre une tête, et lui donner de la grâce avec les ombres et les lumières convenables.
CHAPITRE XXXVI. Quelle lumière on doit choisir pour peindre les portraits, et généralement toutes les carnations.
CHAPITRE XXXVII. Comment un Peintre doit voir et dessiner les figures qu'il veut faire entrer dans la composition d'une histoire.
CHAPITRE XXXVIII. Moyen pour dessiner avec justesse, d'après le naturel, quelque figure que ce soit.

CHAPITRE XXXIX. Mesure ou division d'une statue.
CHAPITRE XL. Comment un Peintre se doit placer à l'égard du jour qui éclaire son modèle.
CHAPITRE XLI. Quelle lumière est avantageuse pour faire paroître les objets.
CHAPITRE XLII. D'où vient que les Peintres se trompent souvent dans le jugement qu'ils font de la beauté des parties du corps et de la justesse de leurs proportions.
CHAPITRE XLIII. Qu'il est nécessaire de savoir l'anatomie et de connoître l'assemblage des parties de l'homme.
CHAPITRE XLIV. Du défaut de ressemblance et de répétition dans un même tableau.
CHAPITRE XLV. Ce qu'un Peintre doit faire pour ne se point tromper dans le choix qu'il fait d'un modèle.
CHAPITRE XLVI. De la faute que font les Peintres qui font entrer dans la composition d'un tableau, des figures qu'ils ont dessinées à une lumière différente de celle dont ils supposent que leur tableau est éclairé.
CHAPITRE XLVII. Division de la Peinture.
CHAPITRE XLVIII. Division du Dessin.
CHAPITRE XLIX. De la proportion des membres.
CHAPITRE L. Du mouvement et de l'expression des figures.
CHAPITRE LI Qu'il faut éviter la dureté des contours.
CHAPITRE LII. Que les défauts ne sont pas si remarquables dans les petites choses que dans les grandes.
CHAPITRE LIII. D'où vient que les choses peintes ne peuvent jamais avoir le même relief que les choses naturelles.
CHAPITRE LIV. Qu'il faut éviter de peindre divers tableaux d'histoire l'une sur l'autre dans une même façade.
CHAPITRE LV. De quelle lumière un Peintre se doit servir pour donner à ses figures un plus grand relief.
CHAPITRE LVI. Lequel est plus excellent et plus nécessaire de savoir donner les jours et les ombres aux figures, ou de les bien contourner.
CHAPITRE LVII. De quelle sorte il faut étudier.
CHAPITRE LVIII. Remarque sur l'expression et sur les attitudes.
CHAPITRE LIX. Que la Peinture ne doit être vue que d'un seul endroit.

CHAPITRE LX. Remarque sur les ombres.
CHAPITRE LXI. Comment il faut représenter les petits enfans.
CHAPITRE LXII. Comment on doit représenter les vieillards.
CHAPITRE LXIII. Comment on doit représenter les vieilles.
CHAPITRE LXIV. Comment on doit peindre les femmes.
CHAPITRE LXV. Comment on doit représenter une nuit.
CHAPITRE LXVI. Comment il faut représenter une tempête.
CHAPITRE LXVII. Comme on doit représenter aujourd'hui une bataille.
CHAPITRE LXVIII. Comment il faut peindre un lointain.
CHAPITRE LXIX. Que l'air qui est près de la terre, doit paroître plus éclairé que celui qui en est loin.
CHAPITRE LXX. Comment on peut donner un grand relief aux figures, et faire qu'elles se détachent du fond du tableau.
CHAPITRE LXXI. Comment on doit représenter la grandeur des objets que l'on peint.
CHAPITRE LXXII. Quelles choses doivent être plus finies, et quelles choses doivent l'être moins.
CHAPITRE LXXIII. Que les figures séparées ne doivent point paraître se toucher, et être jointes ensemble.
CHAPITRE LXXIV. Si le jour se doit prendre en face ou de côté, et lequel des deux donne plus de grace.
CHAPITRE LXXV. De la réverbération, ou des reflets de lumière.
CHAPITRE LXXVI. Des endroits où la lumière ne peut être réfléchie.
CHAPITRE LXXVII. Des reflets.
CHAPITRE LXXVIII. Des reflets de lumière qui sont portés sur des ombres.
CHAPITRE LXXIX. Des endroits où les reflets de lumière paroissent davantage, et de ceux où ils paroissent moins.
CHAPITRE LXXX. Quelle partie du reflet doit être plus claire.
CHAPITRE LXXXI. Des reflets du coloris de la carnation.
CHAPITRE LXXXII. En quels endroits les reflets sont plus sensibles.
CHAPITRE LXXXIII. Des reflets doubles et triples.
CHAPITRE LXXXIV. Que la couleur d'un reflet n'est pas

simple, mais mêlée de deux ou de plusieurs couleurs.
CHAPITRE LXXXV. Que les reflets sont rarement de la couleur du corps d'où ils partent, ou de la couleur du corps où ils sont portés.
CHAPITRE LXXXVI. En quel endroit un reflet est plus éclatant et plus sensible.
CHAPITRE LXXXVII. Des couleurs réfléchies.
CHAPITRE LXXXVIII. Des termes des reflets ou de la projection des lumières réfléchies.
CHAPITRE LXXXIX. De la position des figures.
CHAPITRE XC. Comment on peut apprendre à bien agrouper les figures dans un tableau d'histoire.
CHAPITRE XCI. Quelle proportion il faut donner à la hauteur de la première figure d'un tableau d'histoire.
CHAPITRE XCII. Du relief des figures qui entrent dans la composition d'une histoire.
CHAPITRE XCIII. Du raccourcissement des figures d'un tableau.
CHAPITRE XCIV. De la diversité des figures dans une histoire.
CHAPITRE XCV. Comment il faut étudier les mouvemens du corps humain.
CHAPITRE XCVI. De quelle sorte il faut étudier la composition des histoires, et y travailler.
CHAPITRE XCVII. De la variété nécessaire dans les histoires.
CHAPITRE XCVIII. Qu'il faut, dans les histoires, éviter la ressemblance des visages, et diversifier les airs de tête.
CHAPITRE XCIX. Comment il faut assortir les couleurs pour qu'elles se donnent de la grâce les unes aux autres.
CHAPITRE C. Comment on peut rendre les couleurs vives et belles.
CHAPITRE CI. De la couleur que doivent avoir les ombres des couleurs.
CHAPITRE CII. De la variété qui se remarque dans les couleurs, selon qu'elles sont plus éloignées ou plus proches.
CHAPITRE CIII. À quelle distance de la vue les couleurs des choses se perdent entièrement.
CHAPITRE CIV. De la couleur de l'ombre du blanc.
CHAPITRE CV. Quelle couleur produit l'ombre la plus

obscure et la plus noire.

CHAPITRE CVI. De la couleur qui ne reçoit point de variété, (c'est-à dire, qui paroît toujours de même force sans altération), quoique placée en un air plus ou moins épais, ou en diverses distances.

CHAPITRE CVII. De la perspective des couleurs.

CHAPITRE CVIII. Comment il se pourra faire qu'une couleur ne reçoive aucune altération, étant placée en divers lieux où l'air sera différent.

CHAPITRE CIX. Si les couleurs différentes peuvent perdre également leurs teintes, quand elles sont dans l'obscurité ou dans l'ombre.

CHAPITRE CX. Pourquoi on ne peut distinguer la couleur et la figure des corps qui sont dans un lieu qui paroît n'être point éclairé, quoiqu'il le soit.

CHAPITRE CXI. Qu'aucune chose ne montre sa véritable couleur, si elle n'est éclairée d'une autre couleur semblable.

CHAPITRE CXII. Que les couleurs reçoivent quelques changemens par l'opposition du champ sur lequel elles sont.

CHAPITRE CXIII. Du changement des couleurs transparentes, couchées sur d'autres couleurs, et du mélange des couleurs.

CHAPITRE CXIV. Du degré de teinte où chaque couleur paroît davantage.

CHAPITRE CXV. Que toute couleur qui n'a point de lustre est plus belle dans ses parties éclairées que dans les ombres.

CHAPITRE CXVI. De l'apparence des couleurs.

CHAPITRE CXVII. Quelle partie de la couleur doit être plus belle.

CHAPITRE CXVIII. Que ce qu'il y a de plus beau dans une couleur, doit être placé dans les lumières.

CHAPITRE CXIX. De la couleur verte qui se fait de rouille de cuivre et qu'on appelle vert-de-gris.

CHAPITRE CXX. Comment on peut augmenter la beauté du vert-de-gris.

CHAPITRE CXXI. Du mélange des couleurs l'une avec l'autre.

CHAPITRE CXXII. De la surface des corps qui ne sont pas lumineux.

CHAPITRE CXXIII. Quelle est la superficie plus propre à

recevoir les couleurs.
CHAPITRE CXXIV. Quelle partie d'un corps participe davantage à la couleur de son objet, c'est-à-dire, du corps qui l'éclaire.
CHAPITRE CXXV. En quel endroit la superficie des corps paroîtra d'une plus belle couleur.
CHAPITRE CXXVI. De la carnation des têtes.
CHAPITRE CXXVII. Manière de dessiner d'après la bosse, et d'apprêter du papier propre pour cela.
CHAPITRE CXXVIII. Des changemens qui se remarquent dans une couleur, selon qu'elle est ou plus ou moins éloignée de l'œil.
CHAPITRE CXXIX. De la verdure qui paroît à la campagne.
CHAPITRE CXXX. Quelle verdure tirera plus sur le bleu.
CHAPITRE CXXXI. Quelle est celle de toutes les superficies qui montre moins sa véritable couleur.
CHAPITRE CXXXII. Quel corps laisse mieux voir sa couleur véritable et naturelle.
CHAPITRE CXXXIII. De la lumière des paysages.
CHAPITRE CXXXIV. De la perspective aérienne, et de la diminution des couleurs causée par une grande distance.
CHAPITRE CXXXV. Des objets qui paroissent à la campagne dans l'eau comme dans un miroir, et premièrement de l'air.
CHAPITRE CXXXVI. De la diminution des couleurs, causée par quelque corps qui est entre elles et l'œil.
CHAPITRE CXXXVII. Du champ ou du fond qui convient à chaque ombre et à chaque lumière.
CHAPITRE CXXXVIII. Quel remède il faut apporter lorsque le blanc sert de champ à un autre blanc, ou qu'une couleur obscure sert de fond à une autre qui est aussi obscure.
CHAPITRE CXXXIX. De l'effet des couleurs qui servent de champ au blanc.
CHAPITRE CXL. Du champ des figures.
CHAPITRE CXLI. Des fonds convenables aux choses peintes.
CHAPITRE CXLII. De ceux qui peignant une campagne, donnent aux objets plus éloignés une teinte plus obscure.
CHAPITRE CXLIII. Des couleurs des choses qui sont

éloignées de l'œil.
CHAPITRE CXLIV. Des degrés de teintes dans la Peinture.
CHAPITRE CXLV. Des changemens qui arrivent aux couleurs de l'eau de la mer, selon les divers aspects d'où elle est vue.
CHAPITRE CXLVI. Des effets des différentes couleurs opposées les unes aux autres.
CHAPITRE CXLVII. De la couleur des ombres de tous les corps.
CHAPITRE CXLVIII. De la diminution des couleurs dans les lieux obscurs.
CHAPITRE CXLIX. De la perspective des couleurs.
CHAPITRE CL. Des couleurs.
CHAPITRE CLI. D'où vient à l'air la couleur d'azur.
CHAPITRE CLII. Des couleurs.
CHAPITRE CLIII. Des couleurs qui sont dans l'ombre.
CHAPITRE CLIV. Du champ des figures des corps peints.
CHAPITRE CLV. Pourquoi le blanc n'est point compté entre les couleurs.
CHAPITRE CLVI. Des couleurs.
CHAPITRE CLVII. Des couleurs des lumières incidentes et réfléchies.
CHAPITRE CLVIII. Des couleurs des ombres.
CHAPITRE CLIX. Des choses peintes dans un champ clair, et en quelles occasions cela fait bien en peinture.
CHAPITRE CLX. Du champ des figures.
CHAPITRE CLXI. Des couleurs qui sont produites par le mélange des autres couleurs.
CHAPITRE CLXII. Des couleurs.
CHAPITRE CLXIII. De la couleur des montagnes.
CHAPITRE CXIV. Comment un Peintre doit mettre en pratique la perspective des couleurs.
CHAPITRE CLXV. De la perspective aérienne.
CHAPITRE CLXVI. Des mouvemens du corps de l'homme, des changemens qui y arrivent, et des proportions des membres.
CHAPITRE CLXVII. Des changemens de mesures qui arrivent au corps de l'homme, depuis sa naissance jusqu'à ce qu'il ait la hauteur naturelle qu'elle doit avoir.
CHAPITRE CLXVIII. Que les petits enfans ont les jointures

des membres toutes contraires à celles des hommes, en ce qui regarde la grosseur.
CHAPITRE CLXIX. De la différence des mesures entre les petits enfans et les hommes faits.
CHAPITRE CLXX. Des jointures des doigts.
CHAPITRE CLXXI. De l'emboîtement des épaules, et de leurs jointures.
CHAPITRE CLXXII. Des mouvemens des épaules.
CHAPITRE CLXXIII. Des mesures universelles des corps.
CHAPITRE CLXXIV. Des mesures du corps humain, et des plis des membres.
CHAPITRE CLXXV. De la proportion des membres.
CHAPITRE CLXXVI. De la jointure des mains avec les bras.
CHAPITRE CLXXVII. Des jointures des pieds, de leur renflement et de leur diminution.
CHAPITRE CLXXVIII. Des membres qui diminuent quand ils se plient, et qui croissent quand ils s'étendent.
CHAPITRE CLXXIX. Des membres qui grossissent dans leurs jointures, quand ils sont pliés.
CHAPITRE CLXXX. Des membres nuds des hommes.
CHAPITRE CLXXXI. Des mouvemens violens des membres de l'homme.
CHAPITRE CLXXXII. Du mouvement de l'homme.
CHAPITRE CLXXXIII. Des attitudes et des mouvemens du corps, et de ses membres.
CHAPITRE CLXXXIV. Des jointures des membres.
CHAPITRE CLXXXV. De la proportion des membres de l'homme.
CHAPITRE CLXXXVI. Des mouvemens des membres de l'homme.
CHAPITRE CLXXXVII. Du mouvement des parties du visage.
CHAPITRE CLXXXVIII. Observations pour dessiner les portraits.
CHAPITRE CLXXXIX. Moyen de retenir les traits d'un homme, et de faire son portrait, quoiqu'on ne l'ait vu qu'une seule fois.
CHAPITRE CXC. Moyen pour se souvenir de la forme d'un visage.

CHAPITRE CXCI. De la beauté des visages.
CHAPITRE CXCII. De la position et de l'équilibre des figures.
CHAPITRE CXCIII. Que les mouvemens qu'on attribue aux figures, doivent exprimer leurs actions, et les sentimens qu'on suppose qu'elles ont.
CHAPITRE CXCIV. De la manière de toucher les muscles sur les membres nus.
CHAPITRE CXCV. Du mouvement et de la course de l'homme, et des autres animaux.
CHAPITRE CXCVI. De la différence de hauteur d'épaules qui se remarque dans les figures dans les différentes actions qu'elles font.
CHAPITRE CXCVII. Objection.
CHAPITRE CXCVIII. Comment un homme qui retire son bras étendu, change l'équilibre qu'il avoit quand son bras étoit étendu.
CHAPITRE CXCIX. De l'homme et des autres animaux, lesquels dans leurs mouvemens lents n'ont pas le centre de gravité beaucoup éloigné du centre de leur soutien.
CHAPITRE CC. De l'homme qui porte un fardeau sur ses épaules.
CHAPITRE CCI. De l'équilibre du corps de l'homme, lorsqu'il est sur ses pieds.
CHAPITRE CCII. De l'homme qui marche.
CHAPITRE CCIII. De l'équilibre du poids de quelque animal que ce soit, pendant qu'il demeure arrêté sur ses jambes.
CHAPITRE CCIV. Des plis et des détours que fait l'homme dans les mouvemens de ses membres.
CHAPITRE CCV. Des plis des membres.
CHAPITRE CCVI. De l'équilibre, ou du contrepoids du corps.
CHAPITRE CCVII. Du mouvement de l'homme.
CHAPITRE CCVIII. Du mouvement qui est produit par la perte de l'équilibre.
CHAPITRE CCIX. De l'équilibre des figures.
CHAPITRE CCX. De la bonne grâce des membres.
CHAPITRE CCXI. De la liberté des membres, et de leur facilité à se mouvoir.

CHAPITRE CCXII. D'une figure seule hors de la composition d'une histoire.
CHAPITRE CCXIII. Quelles sont les principales et les plus importantes choses qu'il faut observer dans une figure.
CHAPITRE CCXIV. Que l'équilibre d'un poids doit se trouver sur le centre, ou plutôt autour du centre de la gravité des corps.
CHAPITRE CCXV. De la figure qui doit remuer ou élever quelque poids.
CHAPITRE CCXVI. De l'attitude des hommes.
CHAPITRE CCXVII. Différences d'attitudes.
CHAPITRE CCXVIII. Des attitudes des figures.
CHAPITRE CCXIX. Des actions de ceux qui se trouvent présens à quelque accident considérable.
CHAPITRE CCXX. De la manière de peindre le nu.
CHAPITRE CCXXI. D'où vient que les muscles sont gros et courts.
CHAPITRE CCXXII. Que les personnes grasses n'ont pas de gros muscles.
CHAPITRE CCXXIII. Quels sont les muscles qui disparoissent selon les divers mouvemens de l'homme.
CHAPITRE CCXXIV. Des muscles.
CHAPITRE CCXXV. Que le nu où l'on verra distinctement tous les muscles ne doit point faire de mouvement.
CHAPITRE CCXXVI. Que dans les figures nues il ne faut pas que tous les muscles soient entièrement et également marqués.
CHAPITRE CCXXVII. De l'extension et du raccourcissement des muscles.
CHAPITRE CCXXVIII. En quelle partie du corps de l'homme se trouve un ligament sans muscle.
CHAPITRE CCXXIX. Des huit osselets qui sont au milieu des ligamens, en diverses jointures du corps de l'homme.
CHAPITRE CCXXX. Du muscle qui est entre les mamelles et le petit ventre.
CHAPITRE CCXXXI. De la plus grande contorsion que le corps de l'homme puisse faire en se tournant en arrière.
CHAPITRE CCXXXII. Combien un bras se peut approcher de l'autre bras derrière le dos.
CHAPITRE CCXXXIII. De la disposition des membres de

l'homme qui se prépare à frapper de toute sa force.
CHAPITRE CCXXXIV. De la force composée de l'homme, et premièrement de celle des bras.
CHAPITRE CCXXXV. En quelle action l'homme a plus de force ou lorsqu'il tire à soi, ou lorsqu'il pousse.
CHAPITRE CCXXVI. Des membres plians, et de ce que fait la chair autour de la jointure où ils se plient.
CHAPITRE CCXXXVII. Si l'on peut tourner la jambe sans tourner aussi la cuisse.
CHAPITRE CCXXXVIII. Des plis de la chair.
CHAPITRE CCXXXIX. Du mouvement simple de l'homme.
CHAPITRE CCXL. Du mouvement composé.
CHAPITRE CCXLI. Des mouvemens propres du sujet, et qui conviennent à l'intention et aux actions des figures.
CHAPITRE CCXLII. Du mouvement des figures.
CHAPITRE CCXLIII. Des actions et des gestes qu'on fait quand on montre quelque chose.
CHAPITRE CCXLIV. De la variété des visages.
CHAPITRE CCXLV. Des mouvemens convenables à l'intention de la figure qui agit.
CHAPITRE CCXLVI. Comment les actions de l'esprit et les sentimens de l'ame font agir le corps par des mouvemens faciles et commodes au premier degré.
CHAPITRE CCXLVII. Du mouvement qui part de l'esprit à la vue d'un objet qu'on a devant les yeux.
CHAPITRE CCXLVIII. Des mouvemens communs.
CHAPITRE CCXLIX. Du mouvement des animaux.
CHAPITRE CCL. Que chaque membre doit être proportionné à tout le corps, dont il fait partie.
CHAPITRE CCLI. De l'observation des bienséances.
CHAPITRE CCLII. Du mélange des figures, selon leur âge et leur condition.
CHAPITRE CCLIII. Du caractère des hommes qui doivent entrer dans la composition de chaque histoire.
CHAPITRE CCLIV. Comment il faut représenter une personne qui parle à plusieurs autres.
CHAPITRE CCLV. Comment il faut représenter une personne qui est fort en colère.
CHAPITRE CCLVI. Comment on peut peindre un désespéré.

CHAPITRE CCLVII. Des mouvemens qu'on fait en riant et en pleurant, et de leur différence.
CHAPITRE CCLVIII. De la position des figures d'enfans et de vieillards.
CHAPITRE CCLIX. De la position des figures de femmes et de jeunes gens.
CHAPITRE CCLX. De ceux qui sautent.
CHAPITRE CCLXI. De l'homme qui veut jeter quelque chose bien loin avec beaucoup d'impétuosité.
CHAPITRE CCLXII. Pourquoi celui qui veut tirer quelque chose de terre, en se retirant, ou l'y ficher, hausse la jambe opposée à la main qui agit, et la tient pliée.
CHAPITRE CCLXIII. De l'équilibre des corps qui se tiennent en repos sans se mouvoir.
CHAPITRE CCLXIV. De l'homme qui est debout sur ses pieds, et qui se soutient davantage sur l'un que sur l'autre.
CHAPITRE CCLXV. De la position des figures.
CHAPITRE CCLXVI. De l'équilibre de l'homme qui s'arrête sur ses pieds.
CHAPITRE CCLXVII. Du mouvement local plus ou moins vîte.
CHAPITRE CCLXVIII. Des animaux à quatre pieds, et comment ils marchent.
CHAPITRE CCLXIX. Du rapport et de la correspondance qui est entre une moitié de la grosseur du corps de l'homme et l'autre moitié.
CHAPITRE CCLXX. Comment il se trouve trois mouvemens dans les sauts que l'homme fait en haut.
CHAPITRE CCLXXI. Qu'il est impossible de retenir tous les aspects et tous les changemens des membres qui sont en mouvement.
CHAPITRE CCLXXII. De la bonne pratique qu'un Peintre doit tâcher d'acquérir.
CHAPITRE CCLXXIII. Du jugement qu'un Peintre fait de ses ouvrages, et de ceux des autres.
CHAPITRE CCLXXIV. Comment un Peintre doit examiner lui-même son propre ouvrage, et en porter son jugement.
CHAPITRE CCLXXV. De l'usage qu'on doit faire d'un miroir en peignant.
CHAPITRE CCLXXVI. Quelle peinture est la plus parfaite.

CHAPITRE CCLXXVII. Quel doit être le premier objet et la principale intention d'un Peintre.
CHAPITRE CCLXVIII. Quel est le plus important dans la peinture, de savoir donner les ombres à propos, ou de savoir dessiner correctement.
CHAPITRE CCLXXIX. Comme on doit donner le jour aux figures.
CHAPITRE CCLXXX. En quel lieu doit être placé celui qui regarde une peinture.
CHAPITRE CCLXXXI. À quelle hauteur on doit mettre le point de vue.
CHAPITRE CCLXXXII. Qu'il est contre la raison de faire les petites figures trop finies.
CHAPITRE CCLXXXIII. Quel champ un Peintre doit donner à ses figures.
CHAPITRE CCLXXIV. Des ombres et des jours, et en particulier des ombres des carnations.
CHAPITRE CCLXXXV. De la représentation d'un lieu champêtre.
CHAPITRE CCLXXXVI. Comment on doit composer un animal feint et chimérique.
CHAPITRE CCLXXXVII. Ce qu'il faut faire pour que les visages aient du relief et de la grâce.
CHAPITRE CCLXXXVIII. Ce qu'il faut faire pour détacher et faire sortir les figures hors de leur champ.
CHAPITRE CCLXXXIX. De la différence des lumières selon leur diverse position.
CHAPITRE CCXC. Qu'il faut garder les proportions jusques dans les moindres parties d'un tableau.
CHAPITRE CCXCI. Des termes ou des extrémités des corps, qu'on appelle profilures ou contours.
CHAPITRE CCXCII. Effet de l'éloignement des objets par rapport au dessin.
CHAPITRE CCXCIII. Effet de l'éloignement des objets, par rapport au coloris.
CHAPITRE CCXCIV. De la nature des contours des corps sur les autres corps.
CHAPITRE CCXCV. Des figures qui marchent contre le vent.
CHAPITRE CCXCVI. De la fenêtre par où vient le jour sur

la figure.

CHAPITRE CCXCVII. Pourquoi après avoir mesuré un visage et l'avoir peint de la grandeur même de sa mesure, il paroît plus grand que le naturel.

CHAPITRE CCXCVIII. Si la superficie de tout corps opaque participe à la couleur de son objet.

CHAPITRE CCXCIX. Du mouvement des animaux et de leur course.

CHAPITRE CCC. Faire qu'une figure paroisse avoir quarante brasses de haut dans un espace de vingt brasses y et qu'elle ait ses membres proportionnés, et se tienne droite.

CHAPITRE CCCI. Dessiner sur un mur de douze brasses une figure qui paroisse avoir vingt-quatre brasses de hauteur.

CHAPITRE CCCII. Avertissement touchant les lumières et les ombres.

CHAPITRE CCCIII. Comment il faut répandre sur les corps la lumière universelle de l'air.

CHAPITRE CCCIV. De la convenance du fond des tableaux avec les figures peintes dessus, et premièrement des superficies plates d'une couleur uniforme.

CHAPITRE CCCV. De la différence qu'il y a par rapport à la peinture entre une superficie et un corps solide.

CHAPITRE CCCVI. En peinture, la première chose qui commence à disparoître, est la partie du corps laquelle a moins de densité.

CHAPITRE CCCVII. D'où vient qu'une même campagne paroît quelquefois plus grande ou plus petite qu'elle n'est en effet.

CHAPITRE CCCVIII. Diverses observations sur la Perspective et sur les couleurs.

CHAPITRE CCCIX. Des villes et des autres choses qui sont vues dans un air épais.

CHAPITRE CCCX. Des rayons du soleil qui passent entre différens nuages.

CHAPITRE CCCXI. Des choses que l'œil voit confusément au-dessous de lui, mêlées parmi un brouillard et dans un air épais.

CHAPITRE CCCXII. Des bâtimens vus au travers d'un air épais.

CHAPITRE CCCXIII. Des choses qui se voyent de loin.

CHAPITRE CCCXIV. De quelle sorte paroît une ville dans un air épais.
CHAPITRE CCCXV. Des termes ou extrémités inférieures des corps éloignés.
CHAPITRE CCCXVI. Des choses qu'on voit de loin.
CHAPITRE CCCXVII. De l'azur dont les paysages paroissent colorés dans le lointain.
CHAPITRE CCCXVIII. Quelles sont les parties des corps qui commencent les premières à disparoître dans l'éloignement.
CHAPITRE CCCXIX. Pourquoi, à mesure que les objets s'éloignent de l'œil, ils deviennent moins connoissables.
CHAPITRE CCCXX. Pourquoi les visages vus de loin paroissent obscurs.
CHAPITRE CCCXXI. Dans les objets qui s'éloignent de l'œil, quelles parties disparoissent les premières, et quelles autres parties disparoissent les dernières.
CHAPITRE CCCXXII. De la perspective linéale.
CHAPITRE CCCXXIII. Des corps qui sont vus dans un brouillard.
CHAPITRE CCCXXIV. De la hauteur des édifices qui sont vus dans un brouillard.
CHAPITRE CCCXXV. Des villes et autres semblables édifices qu'on voit sur le soir ou vers le matin, au travers d'un brouillard.
CHAPITRE CCCXXVI. Pourquoi les objets plus élevés sont plus obscurs dans l'éloignement, que les autres qui sont plus bas, quoique le brouillard soit uniforme et également épais.
CHAPITRE CCCXXVII. Des ombres qui se remarquent dans les corps qu'on voit de loin.
CHAPITRE CCCXXVIII. Pourquoi sur la fin du jour, les ombres des corps produites sur un mur blanc sont de couleur bleue.
CHAPITRE CCCXXIX. En quel endroit la fumée paroît plus claire.
CHAPITRE CCCXXX. De la poussière.
CHAPITRE CCCXXXI. De la fumée.
CHAPITRE CCCXXXII. Divers préceptes touchant la peinture.
CHAPITRE CCCXXXIII. Une chose peinte qu'on suppose à

une certaine distance, ne paroît jamais si éloignée qu'une chose réelle qui est à cette distance, quoiqu'elles viennent toutes deux à l'œil sous la même ouverture d'angle.
CHAPITRE CCCXXXIV. Du champ des tableaux.
CHAPITRE CCCXXXV. Du jugement qu'on doit faire des ouvrages d'un Peintre.
CHAPITRE CCCXXXVI. Du relief des figures qui sont éloignées de l'œil.
CHAPITRE CCCXXXVII. Des contours des membres du côté du jour.
CHAPITRE CCCXXXVIII. Des termes ou extrémités des corps.
CHAPITRE CCCXXXIX. De la carnation, et des figures éloignées de l'œil.
CHAPITRE CCCXL. Divers préceptes de la peinture.
CHAPITRE CCCXLI. Pourquoi les choses imitées parfaitement d'après le naturel, ne paroissent pas avoir le même relief que le naturel.
CHAPITRE CCCXLII. De la manière de faire paroître les choses comme en saillie, et détachées de leur champ, c'est-à-dire, du lieu où elles sont peintes.
CHAPITRE CCCXLIII. Quel jour donne plus de grace aux figures.
CHAPITRE CCCXLIV. Que dans les paysages il faut avoir égard aux différens climats, et aux qualités des lieux que l'on représente.
CHAPITRE CCCXLV. Ce qu'il faut observer dans la représentation des quatre saisons de l'année, selon qu'elles sont plus ou moins avancées.
CHAPITRE CCCXLVI. De la manière de peindre ce qui arrive lorsqu'il y a du vent.
CHAPITRE CCCXLVII. Du commencement d'une pluie.
CHAPITRE CCCXLVIII. De l'ombre des ponts sur la surface de l'eau qui est au-dessous.
CHAPITRE CCCXLIX. Usage de la Perspective dans la Peinture.
CHAPITRE CCCL. De l'équilibre des figures.
CHAPITRE CCCLI. Pratique pour ébaucher une statue.
CHAPITRE CCCLII. Comment on peut faire une peinture qui sera presque éternelle, et paroîtra toujours fraîche.

CHAPITRE CCCLIII. Manière d'appliquer les couleurs sur la toile.
CHAPITRE CCCLIV. Usage de la Perspective dans la peinture.
CHAPITRE CCCLV. De l'effet de la distance des objets.
CHAPITRE CCCLVI. De l'affoiblissement des couleurs, et de la diminution apparente des corps.
CHAPITRE CCCLVII. Des corps transparens qui sont entre l'œil et son objet.
CHAPITRE CCCLVIII. Des draperies qui couvrent les figures, et de la manière de jeter les plis.
CHAPITRE CCCLIX. De la nature et de la variété des plis des draperies.
CHAPITRE CCCLX. Comment on doit ajuster les plis des draperies.
CHAPITRE CCCLXI. Comment on doit ajuster les plis des draperies.
CHAPITRE CCCLXII. Des plis des draperies des membres qui sont vus en raccourci.
CHAPITRE CCCLXIII. De quelle sorte l'œil voit les plis des draperies qui sont autour des membres du corps de l'homme.
CHAPITRE CCCLXIV. Des plis des draperies.
CHAPITRE CCCLXV. De l'horizon qui paroît dans l'eau.
Conclusion :
Source :

PRÉFACE.

LÉONARD de Vinci a toujours été regardé comme le plus savant dans toutes les parties de la Peinture ; c'étoit le sentiment du célèbre Poussin, qui avoit si fort étudié les principes et les règles de son art, et il a souvent avoué à ses amis qu'il avoit tiré des ouvrages de Léonard les connoissances qu'il avoit acquises. Après cela ne doit-on pas être surpris que le Traité de Léonard de Vinci sur la Peinture n'ait paru pour la première fois qu'en 1651 ? Les Italiens, qui sont si jaloux de la gloire de leur nation, l'avoient entre les mains, et il seroit encore enseveli dans la poussière de quelque cabinet, si les François ne l'avoient fait imprimer ; il le fut en 1651, en italien et en françois. M. Du Frêne joignit à l'édition italienne qu'il en fit, la Vie de Léonard qu'il avoit composée en italien : celle que je donne en françois n'en est, pour ainsi dire, que la traduction : j'y ai seulement ajouté ce qui se trouve sur Léonard dans Vasari, dans Félibien, et dans ceux qui ont écrit sur la Vie et les Ouvrages des Peintres. J'ai tiré beaucoup de choses d'un manuscrit qui m'a été prêté par un curieux : ce sont des Mémoires en italien pour servir à l'histoire de Léonard de Vinci. L'auteur de ces Mémoires est le père Mazzenta, barnabite Milanois, qui a eu entre les mains les papiers de Léonard, c'est-à-dire, les Traités qu'il a composés, et les dessins qu'il a faits.

Les figures de l'édition que je donne au public sont gravées d'après les dessins originaux du Poussin, qui sont à la fin du manuscrit dont je viens de parler.

J'ai cru que ces figures ne devoient être qu'au simple trait ; on en voit mieux le contour ; des dessins finis auroient rendu le livre plus cher, et n'auroient été d'aucun secours ; ils ne sont nécessaires que lorsqu'il faut donner du relief aux figures, ou lorsqu'on veut exprimer par la gravure la diminution des teintes, la nature des corps qu'on représente, et la qualité des étoffes qui forment les draperies ; et je n'ai donné des dessins finis qu'en ces occasions.

On doit regarder cette édition comme une réimpression de la version en françois que

M. de Chambray avoit donnée en 1651, du Traité de la Peinture de Léonard de Vinci : j'avoue cependant que j'ai été obligé d'y changer beaucoup de choses ; il y a plus de soixante-dix ans qu'elle est faite, et en bien des endroits elle ne seroit pas aujourd'hui supportable. D'ailleurs, soit méprise de la part de l'Auteur de la Traduction, soit inadvertance de la part de l'Imprimeur, il y a quelquefois dans la version en françois de 1651, des choses différentes de ce qui est dans l'original italien, et ces différences établissent des choses fausses et contraires à la pensée et au dessein de Léonard de Vinci.

LA VIE DE LÉONARD DE VINCI.

Léonard de Vinci naquit au château de Vinci, situé dans le Val d'Arno, assez prés et au-dessous de Florence. Son père, Pierre de Vinci, qui étoit peu favorisé de la fortune, l'ayant vu souvent dessiner lorsqu'il n'étoit encore qu'enfant, résolut d'aider l'inclination qu'il avoit pour la Peinture ; il le mena à Florence, et le mit sous la conduite d'André Verocchio, son ami, qui avoit quelque réputation parmi les Peintres de Florence. André promit d'élever avec soin et de former son nouveau disciple, et il y fut engagé autant à cause des belles dispositions qu'il remarqua dans le jeune Léonard, que par l'amitié qu'il avoit pour son père. En effet, Léonard faisoit déjà paroître une vivacité et une politesse fort au-dessus de son âge et de sa naissance. Il trouva chez son maître de quoi contenter la forte inclination qu'il avoit pour tous les arts qui dépendent du dessin ; car André n'étoit pas seulement peintre, il étoit aussi sculpteur, architecte, graveur et orfèvre. Léonard profita si bien des leçons de Verocchio, et fit de si grands progrès sous sa conduite, qu'il le surpassa lui-même.

Cela parut, pour la première fois, dans un tableau du Baptême de Notre-Seigneur, qu'André avoit entrepris pour les religieux de Valombreuse, qui sont hors de la ville de Florence ; il voulut que son élève l'aidât à le faire, et il lui donna à peindre la figure d'un ange qui tient des draperies ; mais il s'en repentit bientôt, car la figure que Léonard avoit peinte effaçoit toutes celles du tableau, André en eut tant de chagrin, que, quittant dès-lors la palette et les couleurs, il ne se mêla plus de peinture.

Léonard crut alors n'avoir plus besoin de maître ; il sortit de chez André et se mit à travailler seul ; il fit quantité de tableaux qu'on voit à Florence. Il fit aussi, pour le roi de Portugal, un carton pour des tapisseries où il avoit représenté Adam et Ève dans le paradis terrestre ; le paysage étoit d'une grande beauté, et les moindres parties en étoient finies avec beaucoup de soin. Son père lui demanda dans le même temps un tableau pour un de ses amis du bourg de Vinci ; Léonard résolut de faire quelque chose d'extraordinaire ; pour cela il représenta les animaux dont on a le plus d'horreur ; il les agroupa si bien et les mit dans des altitudes si bizarres, que je ne crois pas que la tête de Méduse, dont les poètes ont tant parlé, eut des effets plus surprenans, tant on étoit effrayé en voyant le tableau de Léonard. Son père qui comprit qu'une aussi belle pièce n'étoit pas un présent à faire à un homme de la campagne, vendit ce tableau à des marchands, desquels le duc de Milan l'acheta trois cents florins. Léonard fit ensuite deux tableaux qui sont fort estimés. Dans le premier il a représenté une Vierge ; ce tableau est d'une grande beauté : on y voit un vase plein d'eau dans lequel il y a des fleurs ; le Peintre y a répandu, par des reflets, une foible couleur rouge que la lumière en tombant sur les fleurs porte sur l'eau. Clément VII a eu ce tableau.

Le second est un dessin qu'il fit pour Antoine Segni son ami ; il y a représenté

Neptune sur un char traîné par des chevaux marins, entourés de tritons et de divinités de la mer. Le ciel paroît rempli de nuages que les vents poussent de tous côtés, les flots sont agités et la mer est en furie. Ce dessin est tout-à-fait dans le goût et le caractère de Léonard, car il avoit l'esprit vaste et l'imagination vive ; et quoiqu'il sût bien que la justesse des proportions est la source de la véritable beauté, il aimoit à la folie les choses extraordinaires et bizarres : de sorte que s'il rencontroit par hasard quelqu'un qui eût quelque chose de ridicule ou d'affreux dans son air et dans ses manières, il le suivoit jusqu'à ce qu'il eût l'imagination bien remplie de l'objet qu'il considéroit ; alors il se retiroit chez lui, et en faisoit une esquisse. Paul Lomazzo, dans son Traité de la Peinture, dit qu'Aurelo Lovino avoit un livre de Dessins de la main de Léonard, qui étoient tous dans ce goût-là. Ce caractère se remarque dans un tableau de Léonard qui est chez le roi. Il y a peint deux cavaliers qui combattent, et dont l'un veut arracher un drapeau à l'autre ; la colère et la rage sont si bien peintes sur le visage des deux combattans, l'air paroît si agité, les draperies sont jetées d'une manière si irrégulière, mais cependant si convenable au sujet, qu'on est saisi d'horreur en voyant ce tableau, comme si la chose se passoit en effet devant les yeux. Je ne parle point d'un tableau où il peignit la tête de Méduse, ni d'un autre où il représente l'Adoration des Rois, parce qu'il ne les a point finis, quoiqu'il y ait de belles têtes dans le dernier ; mais il avoit l'esprit si vif, qu'il a commencé beaucoup d'ouvrages qu'il n'a point achevés. Il avoit d'ailleurs une si haute idée de la Peinture, et une si grande connoissance de toutes les parties de cet art, que malgré son feu et sa vivacité, il lui falloit beaucoup de temps pour finir ses ouvrages.

Jamais Peintre n'a peut-être mieux su la théorie de son art que Léonard. Il étoit savant dans l'anatomie, il avoit bien étudié l'optique et la géométrie ; il faisoit continuellement des observations sur tout ce que la nature présente aux yeux. Tant d'études et tant de réflexions lui acquirent toutes les connoissances qu'un grand

Peintre peut avoir, et en firent le plus savant qui ait été dans cet art. Il ne se contenta pas néanmoins de ces connoissances ; comme il avoit un esprit universel et du goût pour tous les beaux-arts, il les apprit tous, et y excella. Il étoit bon architecte, sculpteur habile, intelligent dans les mécaniques : il avoit la voix belle, savoit la musique, et chantoit fort bien. S'il avoit vécu dans les temps fabuleux, les Grecs auroient sans doute publié qu'il étoit fils d'Apollon, le dieu des Beaux-Arts ; ils n'auroient pas manqué d'appuyer leur opinion sur ce que Léonard faisoit bien des vers, et qu'il avoit lui seul tous les talens que les enfans et les disciples d'Apollon partageoient entre eux. Il ne reste qu'un seul Sonnet de Léonard, que voici ; ses autres poésies se sont perdues.

SONETTO MORALE.

Chi non può quel che vuol, quel che può voglia,
Che quel che non si può folle è volere.
Adunque saggio è l'huomo da tenere,
Che da quel che non può suo voler toglia.

Pero ch'ogni diletto nostro e doglia
Stà insi e no saper voler potere,
Adunque quel sol può che co'l dovere
Ne trahe la ragion fuor di sua soglia.

Ne sempre è da voler quel che l'huom puote,
Spesso par dolce quel che torna amaro.
Piansi già quel ch'io volsi poi ch'io l'hebbi,

Adunque tu, Lettor, di queste note,
S'a te vuoi esset buono, e a gl' altri caro,
Vogli semper poter quel che tu debbi.

Ce qui doit surprendre davantage, c'est que Léonard se plaisoit à des exercices qui paroissent fort éloignés de son art ; il manioit bien un cheval et se plaisoit à paroître bien monté ; il faisoit fort bien des armes, et l'on ne voyoit guère de son temps de cavalier qui eût meilleur air que lui. Tant de belles qualités, jointes à des manières fort polies, une conversation charmante, un ton de voix agréable, en faisoient un homme des plus accomplis : on recherchoit avec empressement sa conversation, et on ne se lassoit jamais de l'entendre.

Je crois aussi que tant d'exercices différens qui partageoient son temps, l'ont empêché de finir plusieurs de ses ouvrages, autant que son humeur prompte et vive, et que son habileté même, qui ne lui permettoit pas de se contenter du médiocre.

La réputation de Léonard se répandit bientôt dans toute l'Italie, où il étoit regardé comme le premier homme de son siècle, pour la connoissance desbeaux-arts. Le duc de Milan, Louis Sforce, surnommé le More, le fit venir à la cour, et lui donna 500 écus de pension. Ce prince, qui venoit d'établir une académie d'Architecture, voulut que Léonard y entrât, et ce fut le plus grand bien que le duc pût faire à cette société. Léonard en bannit les manières gothiques que les architectes de l'ancienne académie, établie cent ans auparavant sous Michelino, conservoient encore, et il ramena tout aux règles du bon goût, que les Grecs et les Romains avoient si heureusement mises en pratique.

Ce fut alors que le duc Louis le More forma le dessein de faire un nouveau canal pour conduire de l'eau à Milan : Léonard fut chargé de l'exécution de ce projet, et il s'en acquitta avec un succès qui surpassa tout ce qu'on pouvoit attendre. Ce canal est celui qu'on appelle le Canal de Mortesana ; sa longueur est de plus de deux cents milles ; il passe par la Valteline et par la vallée de Chiavenna, portant jusques sous les murs de Milan les eaux de l'Adda, et avec elles la fertilité dans les campagnes et l'abondance dans la ville, par le commerce du Pô et de la mer.

Léonard eut bien d'autres difficultés à vaincre en faisant ce canal, que celles qu'on avoit rencontrées en travaillant à l'ancien canal qui porte les eaux du Tesin de l'autre côté de la ville, et qui avoit été fait deux cents ans auparavant, du temps de la République ; mais malgré tous les obstacles, il trouva moyen de faire monter et descendre des bateaux par-dessus les montagnes et dans les vallées.

Pour exécuter son dessein, Léonard s'étoit retiré à Vaverola, où messieurs Melzi avoient une maison ; il y avoit passé quelques années occupé de l'étude de la philosophie et des mathématiques, et il s'étoit fort appliqué aux parties qui pouvoient lui donner des lumières sur l'ouvrage qu'il entreprenoit. À l'étude de la philosophie, il joignit les recherches de l'antiquité et de l'histoire : en l'étudiant il remarqua comment les Ptolomées avoient conduit l'eau du Nil en différens endroits de l'Égypte, et de quelle manière Trajan établit un grand commerce à Nicomédie, en rendant navigables les lacs et les rivières qui sont entre cette ville et la mer.

Après que Léonard eut travaillé pour la commodité de la ville de Milan, il s'occupa par les ordres du duc à l'embellir et à l'orner de ses peintures. Le prince lui proposa de faire un tableau de là Cène de Notre-Seigneur pour le réfectoire des

Dominicains de Notre-Dame de la Grace. Léonard se surpassa lui-même dans cet ouvrage, où l'on voit toutes les beautés de son art répandues d'une manière qui surprend ; le dessin est grand et correct, l'expression belle et noble, le coloris charmant et précieux, les airs de têtes y sont bien variés : on admire sur-tout les têtes des deux saints Jacques ; car celle du Christ n'est point achevée. Léonard avoit une si haute idée de l'humanité sainte, qu'il crut ne pouvoir jamais exprimer l'idée qu'il s'en étoit formée.

Lorsque Léonard travailloit à ce tableau, le prieur du couvent des Dominicains lui faisoit souvent des plaintes de ce qu'il ne le finissoit point, et il osa même en parler au duc, qui fit venir Léonard, et lui demanda où en étoit son ouvrage. Léonard dit au prince qu'il ne lui restoit plus que deux têtes à faire, celle du Sauveur et celle de Judas ; qu'il ne comptoit point finir celle du Christ, parce qu'il ne croyoit point pouvoir exprimer avec le pinceau les perfections de son humanité ; mais que celle de Judas, il la finiroit bientôt, parce que pour exprimer le caractère de l'avarice, il n'avoit qu'à représenter le prieur des Dominicains, qui récompensoit si mal la peine qu'il prenoit à finir ce tableau.

Cet ouvrage a toujours été regardé comme le plus beau qui soit sorti des mains de Léonard. Le moment qu'il a choisi de l'histoire qu'il a peinte, est celui où Jesus-Christ déclare à ses Apôtres qu'un d'eux le trahira : les sentimens qui durent naître dans l'ame des Apôtres, sont bien représentés, et les expressions de douleur, de crainte, d'inquiétude, sont admirables : on remarque dans Judas tous les traits qui peuvent faire connoître un scélérat et un homme dévoué au crime : aussi l'expression étoit de toutes les parties de la Peinture celle dans laquelle excelloit Léonard.

François Ier trouva ce tableau si beau lorsqu'il le vit à Milan, qu'il voulut l'avoir, et le faire porter en France ; mais cela ne put se faire, parce que cette histoire est peinte sur un mur, et occupe un espace de plus de trente pieds en hauteur et en largeur. On croit que la copie de ce tableau, qui se voit à Paris à S. Germain-l'Auxerrois, a été faite par ordre de François Ier. Lomazzo, disciple de Léonard, en a fait aussi une copie en grand : elle est à Milan, à S. Barnabé. Ces deux copies donneront dans la suite aux Peintres et aux curieux une idée des beautés de l'original : car il est aujourd'hui entièrement gâté, Léonard l'ayant peint à l'huile sur un mur qui n'étoit pas bien sec, et dont l'humidité a effacé les couleurs. On voit, dans le même réfectoire des Dominicains, un tableau où Léonard a peint le duc Louis le More, et la duchesse Béatrix sa femme : ces deux figures sont à genoux ; d'un côté on voit leurs enfans, et de l'autre un Christ à la croix. Il peignit encore environ dans le même temps une Nativité de Notre-Seigneur pour le duc Louis : elle est aujourd'hui dans le cabinet de l'Empereur.

Il ne faut pas s'étonner que les tableaux de Léonard fussent si estimés et si recherchés, il leur donnoit beaucoup de force par une étude particulière qu'il avoit faite de l'anatomie ; et pour connoître à fond cette partie de la Peinture, si nécessaire à ceux qui veulent dessiner correctement, il avoit eu souvent des conférences avec Marc-Antoine de la Tour, professeur d'anatomie à Pavie, et qui écrivoit sur l'anatomie. Il fit même un livre entier de Dessins, rempli de figures dessinées d'après le naturel, que François Melzi, son disciple, a eu ; et un autre pour Gentil Borromée, maître d'armes : ce livre ne contenoit que des combats d'hommes à pied et à cheval, et Léonard avoit eu soin d'y donner des exemples de toutes les règles de l'art, et de les réduire pour ainsi dire en pratique dans les combats qu'il avoit représentés. Il composa aussi divers Traités pour les Peintres de l'académie de Milan, dont il étoit directeur ; et ce fut par ses soins et par ses études qu'elle devint bientôt florissante. Après la mort de Léonard, ses ouvrages furent abandonnés, et demeurèrent long-temps chez messieurs Melzi, dans leur maison de Vaverola, et ensuite ils furent dispersés de tous côtés, comme je le dirai dans la suite.

Léonard de Vinci se retiroit souvent à Vaverola chez messieurs Melzi, pour étudier plus tranquillement, sans être interrompu par les visites de ses amis et par les soins de l'académie ; et ce fut durant le séjour de plusieurs années qu'il y fit, qu'il composa la plupart de ses ouvrages. Mais les guerres d'Italie troublèrent son repos, et ruinèrent l'académie de Milan. Tous les Peintres que Léonard avoit formés ont si bien imité sa manière, qu'on prend souvent leurs ouvrages pour ceux de Léonard même ; ils se dissipèrent après la défaite du duc Louis le More, l'an 1500, qui fut amené prisonnier en France, où il mourut au château de Loches.

L'Italie entière profita de cette disgrâce ; car les disciples de Léonard, qui étoient eux-mêmes fort habiles, se répandirent de tous côtés. Il avoit formé des peintres, des Sculpteurs, des Architectes, des Graveurs, qui savoient fort bien tailler le cristal et toutes sortes de pierres précieuses, des ouvriers fort entendus dans la fonte des métaux. On vit sortir de l'École de Milan,

François Melzi, César Sesto, gentilhomme Milanois, Bernard Lovino, André Salaino, Marc-Uggioni, Antoine Boltraffio, Gobbo, très-bon Peintre et habile Sculpteur, Bernazzano, excellent paysagiste, Paul Lomazzo et plusieurs autres. Sesto et Lovino, sont ceux qui ont eu le plus de réputation, mais Lomazzo les auroit surpassé tous, s'il n'avoit perdu la vue à la fleur de son âge : depuis cet accident, ne pouvant plus travailler de peinture, il composa des Livres des leçons qu'il avoit reçues de Léonard, et il les propose comme un modèle accompli à ceux qui veulent exceller dans la peinture. Annibal Fontana, qui savoit si bien polir le marbre, et tailler les pierres précieuses, avouoit que ce qu'il savoit, il l'avoit appris de Léonard.

Dès le commencement de la guerre du Milanois, et avant la défaite du duc Louis, Léonard étoit venu à Milan ; les principaux de la ville le prièrent de faire quelque chose pour l'entrée du roi Louis XII ; il y consentit, et fit une machine fort curieuse ; c'étoit un lion dont le corps étoit rempli de ressorts, par le moyen desquels cet automate s'avança au devant du roi dans la salle du palais, puis s'étant dressé sur ses pieds de derrière, il ouvrit son estomac et fit voir un écusson rempli de fleurs de lis. Lomazzo s'est trompé quand il a dit que cela avoit été fait pour François Ier, car ce prince ne vint à Milan qu'en 1515, et Léonard étoit alors à Rome.

Les troubles du Milanois obligèrent Léonard de se retirer à Florence ; rien ne l'attachoit plus à Milan, le duc Louis son protecteur étoit mort, et l'académie de Milan s'étoit dissipée. Florence jouissoit du repos nécessaire pour faire fleurir les beaux arts. La magnificence des Médicis, et le bon goût des principaux de la ville, engagèrent Léonard encore plus que l'amour de la patrie à s'y retirer. Le premier ouvrage qu'il y fit, fut un dessin de tableau pour le grand autel de l'Annonciade : on y voyoit une Vierge avec le petit Jésus, sainte Anne et saint Jean. Toute la ville de Florence vit ce dessin, et l'admira. Léonard, quelques années après, le porta en France, et François Ier vouloit qu'il le mît en couleur. Mais le tableau qu'il peignit avec plus de soin et d'amour, fut le portrait de Lise, appelée communément la Joconde, du nom de François Joconde son époux. François Ier voulut avoir ce portrait, et il en donna quatre mille écus : on le voit aujourd'hui dans le cabinet du roi. On dit que Léonard employa quatre ans entiers à finir cet ouvrage, et que pendant qu'il peignoit cette dame, il y avoit toujours auprès d'elle des personnes qui chantoient ou qui jouoient de quelque instrument pour la divertir, et l'empêcher de faire paroître une certaine mélancolie où l'on ne manque guère de tomber quand on est sans action. Léonard fit encore le portrait d'une marquise de Mantoue, qui a été apporté en France, et celui de la fille d'Améric Benci ; c'étoit une jeune enfant d'une beauté charmante. Cette Flore qui a un air si noble et si gracieux, fut achevée en ce temps-là : elle est aujourd'hui à Paris.

L'an 1503, ceux de Florence voulurent faire peindre au palais la salle du Conseil, et Léonard fut chargé par un décret de la conduite de l'ouvrage ; il l'avoit déjà fort avancé d'un côté de la salle, lorsqu'il s'apperçut que ses couleurs ne tenoient point, et qu'elles se détachoient de la muraille à mesure qu'elles séchoient. Michel Ange peignoit en concurrence de Léonard un autre côté de la salle, quoiqu'il n'eût encore que vingt-neuf ans ; il étoit savant, et avoit déjà acquis une grande réputation ; il prétendoit même l'emporter sur Léonard qui étoit âgé de plus de soixante ans : chacun avoit ses amis, qui, bien loin de les raccommoder, les aigrirent tellement l'un contre l'autre, en donnant la préférence à celui pour qui ils se déclaroient, que Léonard et Michel Ange en devinrent ennemis. Raphaël fut le seul qui sut profiter des démêlés de ces deux grands hommes, la réputation de Léonard l'avoit fait venir à Florence ; il fut surpris en voyant ses ouvrages, et quitta bientôt la manière sèche et dure de Pierre Pérugin son maître, pour donner à ses ouvrages cette douceur et cette tendresse que les Italiens appellent *Morbidezza*, en quoi il a surpassé tous les Peintres.

Léonard travailla toujours à Florence jusqu'en 1513 ; ce qu'il fit de plus considérable, fut un tableau d'une Vierge avec le petit Jésus, et un autre où il a représenté la tête de saint Jean-Baptiste ; le premier est chez les Botti, et le second chez Camille Albizzi.

Léonard n'avoit point encore vu Rome, l'avènement de Léon X au pontificat, lui donna occasion d'y aller, pour présenter ses respects au nouveau Pape, et il auroit été estimé dans cette ville autant qu'il le méritoit, sans une aventure bizarre qui l'empêcha d'y travailler. Léon X, en qui la magnificence et l'amour des beaux arts étoient des qualités héréditaires, résolut d'employer Léonard, qui se mit aussi-tôt à distiller des huiles, et à préparer des vernis pour couvrir ses tableaux : le Pape en ayant été informé, dit qu'il ne falloit rien attendre d'un homme qui songeoit à finir ses ouvrages avant de les avoir commencés. Vasari, zélé partisan de Michel Ange, dit qu'on donna encore à Rome bien d'autres mortifications à Léonard, par les discours injurieux qu'on répandoit contre lui, et par la préférence qu'on donnoit en tout à Michel Ange. Ainsi Rome ne sut point profiter des talens de Léonard, qui se rebuta enfin, et qui se voyant appelé par François Ier, passa en France, où il trouva dans la bonté de ce prince de quoi se dédommager des chagrins qu'il avoit reçus à Rome. Il avoit plus de soixante et dix ans quand il entreprit le voyage ; mais l'honneur de servir un si grand roi, le soutenoit et sembloit lui donner des forces. La cour étoit à Fontainebleau, lorsque Léonard alla saluer le roi ; ce prince lui fit mille caresses, et lui donna toujours des marques d'estime et de bonté, quoiqu'il ne pût guère l'employer à cause de son grand âge. Il y a apparence que les fatigues du voyage et le changement de climat contribuèrent à la maladie dont Léonard mourut ; il languit durant quelques mois à Fontainebleau, pendant lesquels le roi lui fit l'honneur de l'aller voir plusieurs fois. Il arriva un jour que ce prince y étant allé, Léonard voulut s'avancer et s'asseoir sur son lit, pour remercier le roi ; dans ce moment il lui prit une foiblesse qui l'emporta : il expira entre les bras du roi, qui avoit bien voulu le soutenir pour le soulager.

Léonard de Vinci mourut âgé de plus de soixante et quinze ans, regretté de ceux qui aimoient les beaux arts, et honoré de l'estime d'un grand roi. Jamais il n'y eut d'homme en qui la nature eut répandu plus libéralement tous ses dons, car il avoit toutes les qualités d'esprit et de corps qui peuvent faire un homme accompli. Il étoit beau et bien fait, sa force étoit surprenante, il faisoit bien tous les exercices du corps ; mais les talens de son esprit étoient encore au-dessus des autres qualités qu'il avoit. Il joignoit la douceur et la politesse des mœurs à une force et une grande élévation d'esprit, une vivacité surprenante à une grande application à l'étude, une érudition assez grande à une conversation agréable. Léonard de Vinci ne voulut point se marier pour travailler avec plus de liberté : sur quoi un de ses amis disoit qu'il n'avoit point voulu avoir d'autre épouse que la Peinture, ni d'autres enfans que les ouvrages qu'il faisoit. Au sortir de sa jeunesse il laissa croître ses cheveux et sa barbe, de sorte qu'il ressembloit à quelque vieux Druide, ou à un solitaire de la Thébaïde.

La plus grande partie des tableaux de Léonard sont à Florence chez le Grand-Duc, ou en France ; il s'en trouve plusieurs en différens pays, chez les princes et chez les curieux. Outre ceux dont j'ai parlé, Lomazzo dit qu'il fit un tableau de la Conception de la sainte Vierge pour l'église de Saint François de Milan. On en voit en France plusieurs qui sont certainement de lui ; comme la Vierge avec sainte Anne et le petit Jésus, qui étoit au palais Cardinal ; une Hérodiade d'une grande beauté, qui étoit chez le cardinal de Richelieu ; un tableau de la Vierge, avec le petit Jésus, saint Jean et un Ange ; un autre tableau de la Vierge, qu'avoit eu le marquis de Sourdis. M. de Charmois avoit un tableau de la Vierge avec le petit Jésus, Ste Anne et S. Michel ; et un autre où Léonard avoit peint Joseph qui fuit, et que la femme de Putifar veut arrêter ; la douceur et la modestie de l'un, et l'impudence de l'autre étoient admirablement bien représentées.

Pour ce qui est des ouvrages que Léonard avoit composés, et des dessins qu'il avoit faits, ceux qui les ont réunis les conservent sans en vouloir faire part au public. Après la mort de Léonard on les mit en treize volumes, ils étoient écrits à rebours comme les livres hébraïques, et d'un caractère fort menu, apparemment afin que toute sorte de personnes ne pussent pas les lire. Voici quel a été le sort de ces précieux restes des études de Léonard.

Lelio Gavardi d'Asola, prévôt de Saint-Zenon de Pavie, et proche parent des Manuces, étoit professeur d'Humanités ; il avoit appris les belles-lettres à messieurs Melzi, et cela lui avoit donné occasion d'aller souvent à leur maison de campagne : il y trouva les treize volumes des ouvrages de Léonard, qu'il demanda ; on les lui donna, et il les porta à Florence, dans l'espérance d'en tirer beaucoup d'argent du Grand-Duc ; mais ce prince étant venu à mourir, Gavardi porta ses livres à Pise, où il rencontra Ambroise

Mazzenta, gentilhomme du Milanois, qui lui fit scrupule d'avoir tiré les papiers de Léonard de messieurs Melzi, qui n'en connoissoient pas le prix. Gavardi, touché de ce qu'on lui avoit dit, rendit à Horace Melzi, chef de sa maison, les livres de Léonard. Comme Melzi étoit un fort bon homme, il reconnut l'attention que Mazzenta avoit eu à lui faire plaisir, et lui fit présent des treize volumes des papiers de Léonard. Ils restèrent chez les Mazzenta, qui parloient par-tout du présent qu'on leur avoit fait. Alors Pompée Leoni, statuaire du roi d'Espagne, fit connoître à Melzi ce que valoient les papiers et les dessins de Léonard ; il lui fit espérer des charges dans Milan, s'il pouvoit les retirer pour les donner au roi d'Espagne. L'envie de s'avancer et de s'enrichir fit sur l'esprit de Melzi des impressions que l'amour de la vertu et des beaux arts n'y avoit point faites ; il court chez les Mazzenta, et à force de prières il en obtint sept volumes. Des six autres, le cardinal Borromée en eut un, qui est aujourd'hui dans la bibliothèque Ambrosienne. Ambroise Figgini en eut un, qui a passé à Hercule Bianchi son héritier. Le duc de Savoie, Charles-Emmanuel, en eut un, et Pompée Leoni les trois autres, que Cleodore Calchi son héritier a vendu au seigneur Galeas Lonato.

Parmi les papiers de Léonard, il y avoit des Dessins et des Traités : les Traités dont on a connoissance sont ceux qui suivent :

Un Traité de la nature, de l'équilibre, et du mouvement de l'eau ; cet ouvrage est rempli de dessins de machines pour conduire, élever et soutenir les eaux. Ce fut l'entreprise du canal de Mortesana, qui lui donna occasion de le composer.

Un Traité d'anatomie, dont j'ai parlé ; cet ouvrage étoit accompagné d'une grande quantité de dessins, faits avec beaucoup de soin. Léonard en parle au Chapitre XXII de la Peinture.

Un Traité d'anatomie et de figures de chevaux ; Léonard les dessinoit bien, et en faisoit de fort beaux modèles : il avoit fait ce Traité pour servir à ceux qui veulent peindre des batailles et des combats. Vasari, Borghini, Lomazzo en parlent.

Un Traité de la perspective, divisé en plusieurs livres ; c'est apparemment celui dont Lomazzo parle dans le Chapitre IV. Léonard donne dans ce Traité des règles pour représenter des figures plus grandes que le naturel.

Un Traité de la lumière et des ombres, qui est aujourd'hui dans la bibliothèque Ambrosienne ; c'est un volume couvert de velours rouge, que le sieur Mazzenta donna au cardinal Borromée. Léonard y traite son sujet en philosophe, en mathématicien et en peintre ; il en parle au Chapitre CCLXXVIII du Traité de la Peinture. Cet ouvrage doit être d'une grande beauté, car Léonard étoit admirable dans cette partie de la Peinture ; et il entendoit si bien les effets de la lumière et des couleurs, qu'il représente les choses avec un caractère de vérité qu'on ne remarque point dans les tableaux des autres Peintres.

Léonard promet dans son Traité de la Peinture, deux autres ouvrages ; l'un est un Traité du mouvement des corps, l'autre est un Traité de l'équilibre des corps. On peut voir les Chapitres CXII, CXXVIII et CCLXVIII du Traité de la Peinture.

C'est ce Traité qu'on donne ici en françois. Un Peintre du Milanois, passant par Florence, avoit dit à Vasari en lui montrant cet ouvrage, qu'il le feroit imprimer à Rome ; mais il ne tint pas parole. Ce que les Italiens n'ont pas voulu faire pour la perfection de la Peinture, les François l'ont fait en mettant au jour ce beau Traité de Léonard de Vinci en italien, après avoir consulté et confronté plusieurs manuscrits. M. de Charmois, qui avoit une si grande connoissance des Beaux-Arts, l'a traduit en françois ; c'est la version que je donne ici, mais plus correcte qu'elle n'a paru la première fois. On peut juger par la lecture de ce Traité, de l'avantage qu'on retireroit, si les princes et les curieux qui ont les autres ouvrages de Léonard de Vinci, les donnoient au Public.

Introduction :

François Ier trouva ce tableau si beau lorsqu'il le vit à Milan, qu'il voulut l'avoir, et le faire porter en France ; mais cela ne put se faire, parce que cette histoire est peinte sur un mur, et occupe un espace de plus de trente pieds en hauteur et en largeur. On croit que la copie de ce tableau, qui se voit à Paris à S. Germain-l'Auxerrois, a été faite par ordre de François Ier. Lomazzo, disciple de Léonard, en a fait aussi une copie en grand : elle est à Milan, à S. Barnabé. Ces deux copies donneront dans la suite aux Peintres et aux curieux une idée des beautés de l'original : car il est aujourd'hui entièrement gâté, Léonard l'ayant peint à l'huile sur un mur qui n'étoit pas bien sec, et dont l'humidité a effacé les couleurs. On voit, dans le même réfectoire des Dominicains, un tableau où Léonard a peint le duc Louis le More, et la duchesse Béatrix sa femme : ces deux figures sont à genoux ; d'un côté on voit leurs enfans, et de l'autre un Christ à la croi

CHAPITRE PREMIER. Quelle est la première étude que doit faire un jeune Peintre.

La perspective est la première chose qu'un jeune Peintre doit apprendre pour savoir mettre chaque chose à sa place, et pour lui donner la juste mesure qu'elle doit avoir dans le lieu où elle est : ensuite il choisira un bon maître qui lui fasse connoître les beaux contours des figures, et de qui il puisse prendre une bonne manière de dessiner. Après cela il verra le naturel, pour se confirmer par des exemples sensibles dans tout ce que les leçons qu'on lui aura données et les études qu'il aura faites, lui auront appris : enfin il emploiera quelque temps à considérer les ouvrages des grands maîtres et à les imiter, afin d'acquérir la pratique de peindre et d'exécuter avec succès tout ce qu'il entreprendra.

CHAPITRE II. À quelle sorte d'étude un jeune Peintre se doit principalement appliquer.

Les jeunes gens qui veulent faire un grand progrès dans la science qui apprend à imiter et à représenter tous les ouvrages de la nature, doivent s'appliquer principalement à bien dessiner, et à donner les lumières et les ombres à leurs figures, selon le jour qu'elles reçoivent et le lieu où elles sont placées.

CHAPITRE III. De la méthode qu'il faut donner aux jeunes gens pour apprendre à peindre.

Nous connoissons clairement que de toutes les opérations naturelles, il n'y en a point de plus prompte que la vue ; elle découvre en un instant une infinité d'objets, mais elle ne les voit que confusément, et elle n'en peut discerner plus d'un à la fois. Par exemple, si on regarde d'un coup-d'œil une feuille de papier écrite, on verra bien incontinent qu'elle est remplie de diverses lettres ; mais on ne pourra connoître dans ce moment-là quelles sont ces lettres, ni savoir ce qu'elles veulent dire : de sorte que pour l'apprendre, il est absolument nécessaire de les considérer l'une après l'autre, et d'en former des mots et des phrases. De même encore, si l'on veut monter au haut de quelque bâtiment, il faut y aller de degré en degré, autrement il ne sera pas possible d'y arriver. Ainsi, quand la nature a donné à quelqu'un de l'inclination et des dispositions pour la Peinture, s'il veut apprendre à bien représenter les choses, il doit commencer par dessiner leurs parties en détail et les prendre par ordre, sans passer à la seconde avant que d'avoir bien entendu et pratiqué la première ; car autrement on perd tout son temps, ou du moins on n'avance guères. De plus, il faut remarquer qu'on doit s'attacher à travailler avec patience et à finir ce que l'on fait, devant que de se faire une manière prompte et hardie de dessiner et de peindre.

CHAPITRE IV. Comment on connoît l'inclination qu'on a pour la Peinture, quoiqu'on n'y ait point de disposition.

On voit beaucoup de personnes qui ont un grand desir d'apprendre le dessin et qui l'aiment passionnément, mais qui n'y ont aucune disposition naturelle : cela se peut connoître dans les enfans qui dessinent tout à la hâte et au simple trait, sans finir jamais aucune chose avec les ombres.

CHAPITRE V. Qu'un Peintre doit être universel, et ne se point borner à une seule chose.

Ce n'est pas être fort habile homme parmi les Peintres, que de ne réussir qu'à une chose ; comme à bien faire le nud, à peindre une tête ou les draperies, à représenter des animaux, ou des paysages, ou d'autres choses particulières ; car il n'y a point d'esprit si grossier qui ne puisse avec le temps, en s'appliquant à une seule chose et la mettant continuellement en pratique, venir à bout de la bien faire.

CHAPITRE VI. *De quelle manière un jeune Peintre doit se comporter dans ses études.*

L'ESPRIT d'un Peintre doit agir continuellement, et faire autant de raisonnemens et de réflexions, qu'il rencontre de figures et d'objets dignes d'être remarqués : il doit même s'arrêter, pour les voir mieux, et les considérer avec plus d'attention, et ensuite former des règles générales de ce qu'il a remarqué sur les lumières et les ombres, le lieu et les circonstances où sont les objets.

CHAPITRE VII. De la manière d'étudier.

Étudiez premièrement la théorie devant que d'en venir à la pratique, qui est un effet de la science. Un Peintre doit étudier avec ordre et avec méthode. Il ne doit rien voir de ce qui mérite d'être remarqué, qu'il n'en fasse quelque esquisse pour s'en souvenir, et il aura soin d'observer dans les membres de l'homme et des animaux, leurs contours et leurs jointures.

CHAPITRE VIII. Ce que doit faire un Peintre qui veut être universel.

Un Peintre doit être universel. Il faut qu'il étudie tout ce qu'il rencontre, c'est-à-dire, qu'il le considère attentivement, et que par de sérieuses réflexions, il cherche la raison de ce qu'il voit ; mais il ne doit s'attacher qu'à ce qu'il y a de plus excellent et de plus parfait dans chaque chose. Ainsi, comme un miroir représente tous les objets avec leurs couleurs et leurs caractères particuliers, l'imagination d'un Peintre accoutumé à réfléchir, lui représentera sans peine tout ce qu'il y a de plus beau dans la nature.

CHAPITRE IX. Avis sur le même sujet.

Si un Peintre n'aime également toutes les parties de la peinture, il ne pourra jamais être universel : par exemple, si quelqu'un ne se plaît point aux paysages, s'il croit que c'est trop peu de chose pour mériter qu'on s'y applique, il sera toujours au-dessous des grands Peintres. Boticello, notre ami, avoit ce défaut ; il disoit quelquefois qu'il ne falloit que jeter contre un mur une palette remplie de diverses couleurs, et que le mélange bizarre de ces couleurs représenteroit infailliblement un paysage.

Il est bien vrai que si on regarde attentivement une muraille couverte de poussière, et qu'on veuille y découvrir quelque chose, on s'imaginera voir des figures qui ressemblent à des têtes d'hommes, ou à des animaux, ou qui représentent des batailles, des rochers, des mers, des nuages, des bosquets, et mille autres choses semblables : il en est à-peu-près de ces murailles salies par la poussière, comme du son des cloches, auxquelles on fait dire tout ce que l'on veut. Ces murailles peuvent bien échauffer l'imagination, et faire inventer quelque chose, mais elles n'apprennent point à finir ce qu'elles font inventer. On l'a vu dans le Peintre dont je viens de parler, qui fut toute sa vie un très-mauvais paysagiste.

CHAPITRE X. Comment un Peintre se doit rendre universel.

Un Peintre qui veut paroître universel, et plaire à plusieurs personnes de différens goûts, doit faire entrer dans la composition d'un même tableau, des choses dont quelques-unes soient touchées d'ombres très-fortes, et quelques autres touchées d'ombres plus douces ; mais il faut qu'on connoisse la raison qu'il a eue d'en user ainsi, et qu'on voie pourquoi il a mis cette variété dans les jours et les ombres des différentes parties de son tableau.

CHAPITRE XI. Comment on connoît le progrès qu'on fait dans la Peinture.

Un Peintre qui n'a presque point de doutes dans les études qu'il fait, n'avance guères dans son art. Quand tout paroît aisé, c'est une marque infaillible que l'ouvrier est peu habile, et que l'ouvrage est au-dessus de sa portée : mais lorsqu'un Peintre, par la force et par l'étendue de son esprit, connoît toute la difficulté de son ouvrage, alors il le rend plus parfait de jour en jour à mesure qu'il fait de nouvelles réflexions, à moins que quelque raison ne l'oblige de le finir en peu de temps.

CHAPITRE XII. De la manière d'apprendre à dessiner.

Un élève doit premièrement s'accoutumer la main à copier les dessins des bons maîtres, et à les imiter parfaitement, et quand il en a acquis l'habitude, il faut que, suivant le conseil de celui qui le conduit, il dessine d'après des bosses qui soient de bon goût, selon la méthode que je donnerai pour les figures de relief.

CHAPITRE XIII. Comment il faut esquisser les compositions d'histoires, et les figures.

Il faut faire promptement et légèrement la première esquisse d'une histoire, sans s'arrêter beaucoup à former les membres et à finir les figures, ayant seulement égard à la justesse de leur position sur le plan, après quoi le Peintre ayant arrêté l'ordonnance de son tableau, il pourra les finir à loisir quand il lui plaira.

CHAPITRE XIV. Qu'il faut corriger les fautes dans ses ouvrages, quand on les découvre.

Lorsque vous découvrirez quelques fautes dans vos ouvrages, ou qu'on vous y en fera remarquer, corrigez-les aussi-tôt, de peur qu'exposant vos tableaux aux yeux du public, au lieu de vous faire estimer, vous ne fassiez connoître votre ignorance ; et ne dites point qu'à la première occasion vous réparerez la perte que vous avez faite de votre réputation : car il n'en est pas de la Peinture comme de la musique, qui passe en un instant, et qui meurt, pour ainsi dire, aussi-tôt qu'elle est produite ; mais un tableau dure long-temps après qu'on l'a fait, et le vôtre seroit un témoin qui vous reprocheroit continuellement votre ignorance. N'alléguez pas non plus pour excuse votre pauvreté, qui ne vous permet pas d'étudier et de vous rendre habile : l'étude de la vertu sert de nourriture au corps aussi-bien qu'à l'ame. Combien a-t-on vu de philosophes, qui, étant nés au milieu des richesses, les ont abandonnées, de peur qu'elles ne les détournassent de l'étude et de la vertu !

CHAPITRE XV. Du jugement qu'on doit porter de ses propres ouvrages.

Il n'y a rien plus sujet à se tromper que l'homme, dans l'estime qu'il a pour ses ouvrages et dans le jugement qu'il en porte. La critique de ses ennemis lui sert plus que l'approbation et les louanges que lui donnent ses amis ; ils ne sont qu'une même chose avec lui ; et comme il se trompe lui-même, ils peuvent aussi le tromper par complaisance, sans y penser.

CHAPITRE XVI. Moyen d'exciter l'esprit et l'imagination à inventer plusieurs choses.

Je ne ferai point difficulté de mettre ici parmi les préceptes que je donne, une nouvelle manière d'inventer ; c'est peu de chose en apparence, et peut-être passera-t-elle pour ridicule : néanmoins elle peut beaucoup servir à ouvrir l'esprit, et à le rendre fécond en inventions. Voici ce que c'est. Si vous regardez quelque vieille muraille couverte de poussière, ou les figures bizarres de certaines pierres jaspées, vous y verrez des choses fort semblables à ce qui entre dans la composition des tableaux ; comme des paysages, des batailles, des nuages, des attitudes hardies, des airs de tête extraordinaires, des draperies, et beaucoup d'autres choses pareilles. Cet amas de tant d'objets est d'un grand secours à l'esprit ; il lui fournit quantité de dessins, et des sujets tout nouveaux.

CHAPITRE XVII. Qu'il est utile de repasser durant la nuit dans son esprit les choses qu'on a étudiées.

J'AI encore éprouvé qu'il est fort utile, lorsqu'on est au lit, dans le silence de la nuit, de rappeler les idées des choses qu'on a étudiées et dessinées, de retracer les contours des figures qui demandent plus de réflexion et d'application ; par ce moyen, on rend les images des objets plus vives, on fortifie et on conserve plus longtemps l'impression qu'elles ont faite.

CHAPITRE XVIII. Qu'il faut s'accoutumer à travailler avec patience, et à finir ce que l'on fait, devant que de prendre une manière prompte et hardie.

Si vous voulez profiter beaucoup et faire de bonnes études, ayez soin de ne dessiner jamais à la hâte ni à la légère. À l'égard des lumières, considérez bien quelles parties sont éclairées du jour le plus grand ; et entre les ombres, remarquez celles qui sont les plus fortes, comment elles se mêlent ensemble, et en quelle quantité, les comparant l'une avec l'autre. Pour ce qui est des contours, observez bien vers quelle partie ils doivent tourner, et entre leurs termes, quelle quantité il s'y rencontre d'ombre et de lumière, et où elles sont plus ou moins fortes, plus larges et plus étroites ; et surtout ayez soin que vos ombres et vos lumières ne soient point tranchées, mais qu'elles se noient ensemble, et se perdent insensiblement comme la fumée ; et lorsque vous vous serez fait une habitude de cette manière exacte de dessiner, vous acquerrez tout d'un coup et sans peine, la facilité des praticiens.

CHAPITRE XIX. Qu'un Peintre doit souhaiter d'apprendre les différens jugemens qu'on fait de ses ouvrages.

C'est une maxime certaine qu'un Peintre, lorsqu'il travaille au dessin ou à la peinture, ne doit jamais refuser d'entendre les différens sentimens qu'on a de son ouvrage ; il doit même en être bien aise, pour en profiter ; car, quoiqu'un homme ne soit pas peintre, il sait cependant bien quelle est la forme d'un homme ; il verra bien s'il est bossu ou boiteux, s'il a la jambe trop grosse, la main trop grande, ou quelque autre défaut semblable. Pourquoi donc les hommes ne remarqueroient-ils pas des défauts dans les ouvrages de l'art, puisqu'ils en remarquent dans ceux de la nature ?

CHAPITRE XX. Qu'un Peintre ne doit pas tellement se fier aux idées qu'il s'est formées des choses, qu'il néglige de voir le naturel.

C'EST une présomption ridicule de croire qu'on peut se ressouvenir de tout ce qu'on a vu dans la nature ; la mémoire n'a ni assez de force, ni assez d'étendue pour cela ; ainsi, le plus sûr est de travailler, autant que l'on peut, d'après le naturel.

CHAPITRE XXI. De la variété des proportions dans les figures.

Un Peintre doit faire tous ses efforts pour se rendre universel, parce que, s'il ne fait bien qu'une seule chose, il ne se fera jamais beaucoup estimer. Il y en a, par exemple, qui s'appliquent à bien dessiner le nud ; mais c'est toujours avec les mêmes proportions, sans y mettre jamais de variété : cependant il se peut faire qu'un homme soit bien proportionné, soit qu'il soit gros et court, soit qu'il ait le corps délié, soit qu'il ait la taille médiocre, soit enfin qu'elle soit haute et avantageuse. Ceux qui n'ont point d'égard à cette diversité de proportions, semblent former toutes leurs figures dans le même moule : ce qui est fort blâmable.

CHAPITRE XXII. Comment on peut être universel.

Un Peintre savant dans la théorie de son art, peut, sans beaucoup de difficulté, devenir universel, parce que les animaux terrestres ont tous cette ressemblance et cette conformité de membres, qu'ils sont toujours composés de muscles, de nerfs et d'os, et ils ne diffèrent qu'en longueur ou en grosseur, comme on verra dans les démonstrations de l'anatomie. Pour ce qui est des animaux aquatiques, parmi lesquels il y a une grande quantité d'espèces différentes, je ne conseillerai point au Peintre de s'y amuser.

CHAPITRE XXIII. De ceux qui s'adonnent à la pratique avant que d'avoir appris la théorie.

Ceux qui s'abandonnent à une pratique prompte et légère avant que d'avoir appris la théorie, ou l'art de finir leurs figures, ressemblent à des matelots qui se mettent en mer sur un vaisseau qui n'a ni gouvernail ni boussole : ils ne savent quelle route ils doivent tenir. La pratique doit toujours être fondée sur une bonne théorie, dont la perspective est le guide et la porte ; car sans elle on ne saurait réussir en aucune chose dans la peinture, ni dans les autres arts qui dépendent du dessin.

CHAPITRE XXIV. Qu'il ne faut pas qu'un Peintre en imite servilement un autre.

Un Peintre ne doit jamais s'attacher servilement à la manière d'un autre Peintre, parce qu'il ne doit pas représenter les ouvrages des hommes, mais ceux de la nature ; laquelle est d'ailleurs si abondante et si féconde en ses productions, qu'on doit plutôt recourir à elle-même qu'aux Peintres qui ne sont que ses disciples, et qui donnent toujours des idées de la nature moins belles, moins vives, et moins variées que celles qu'elle en donne elle-même, quand elle se présente à nos yeux.

CHAPITRE XXV. Comment il faut dessiner d'après le naturel.

Quand vous voulez dessiner d'après le naturel, soyez éloigné de l'objet que vous imitez trois fois autant qu'il est grand ; et prenez bien garde, en dessinant, à chaque trait que vous formez, d'observer par tout le corps de votre modèle, quelles parties se rencontrent sous la ligne principale ou perpendiculaire.

CHAPITRE XXVI. Remarque sur les jours et sur les ombres.

Lorsque vous dessinerez, remarquez bien que les ombres des objets ne sont pas toujours simples et unies, et qu'outre la principale, il y en a encore d'autres qu'on n'apperçoit presque point, parce qu'elles sont comme une fumée ou une vapeur légère répandue sur la principale ombre : remarquez aussi que ses différentes ombres ne se portent pas toutes du même côté. L'expérience montre ce que je dis à ceux qui veulent l'observer, et la perspective en donne la raison, lorsqu'elle nous apprend que les globes ou les corps convexes reçoivent autant de différentes lumières et de différentes ombres, qu'il y a de différens corps qui les environnent.

CHAPITRE XXVII. De quel côté il faut prendre le jour, et à quelle hauteur on doit prendre son point de lumière, pour dessiner d'après le naturel.

Le vrai jour pour travailler d'après le naturel, doit être pris du côté du septentrion, afin qu'il ne change point : mais si votre chambre étoit percée au midi, ayez des chassis huilés aux fenêtres, afin que par ce moyen la lumière du soleil, qui y sera durant presque toute la journée, étant adoucie, se répande également partout sans aucun changement sensible. La hauteur de la lumière doit être prise de telle sorte, que la longueur de la projection des ombres de chaque corps sur le plan, soit égale à leur hauteur.

CHAPITRE XXVIII. Des jours et des ombres qu'il faut donner aux figures qu'on dessine d'après les bosses et les figures de relief.

Pour bien représenter les figures de quelque corps que ce soit, il faut leur donner des lumières convenables au jour qu'elles reçoivent et au lieu où elles sont représentées ; c'est-à-dire, que si vous supposez qu'elles sont à la campagne et au grand air, le soleil étant couvert, elles doivent être environnées d'une lumière presque universelle ; mais si le soleil éclaire ces figures, il faut que leurs ombres soient fort obscures, en comparaison des autres parties quireçoivent le jour, et toutes les ombres, tant primitives que dérivées, auront leurs extrémités nettes et tranchées, et ces ombres doivent être accompagnées de peu de lumière, parce que l'air qui donne par réflexion à ces figures le peu de lumière qu'elles reçoivent de ce côté là, communique en même temps sa teinte à la partie qu'il regarde, et affoiblit la lumière qu'il envoie, en y mêlant sa couleur d'azur. Ce que je viens de dire se voit tous les jours aux objets blancs, dont la partie qui est éclairée du soleil, montre qu'elle participe à la couleur de cet astre ; mais cela paroît encore davantage lorsque le soleil se couche entre des nuages qu'il éclaire de ses rayons, et qu'un rouge vif et éclatant fait paroître tout enflammés ; car alors ces nuages teignent et colorent de leur rouge tout ce qui prend sa lumière d'eux, et l'autre partie des corps qui n'est point tournée du côté de ces nuages paroît obscure et teinte de l'azur de l'air. Alors si quelqu'un voit cet objet si diversement éclairé, il s'imagine qu'il est de deux couleurs. C'est donc une maxime constante, fondée sur ce qu'on sait de la nature et de la cause de ces ombres et de ces lumières, que pour les bien représenter il faut qu'elles participent à leur origine, et qu'elles en tiennent quelque chose, sans quoi l'on n'imiteroit qu'imparfaitement la nature.

Mais si vous supposez que la figure que vous représentez est dans une chambre peu éclairée, et que vous la voyiez de dehors, étant placée sur la ligne par où vient le jour, il faudra que cette figure ait des ombres fort douces, et soyez sûr qu'elle aura beaucoup de grâce, et qu'elle fera honneur au Peintre, parce qu'elle aura beaucoup de relief, quoique les ombres en soient fort douces, sur-tout du côté que la chambre est le plus éclairée, car les ombres y sont presque insensibles. J'apporterai la raison de ceci dans la suite.

CHAPITRE XXIX. Quel jour il faut prendre pour travailler d'après le naturel ou d'après la bosse.

La lumière qui est tranchée par les ombres avec trop de dureté, fait un très-mauvais effet : de sorte que pour éviter cet inconvénient, si vous faites vos figures en pleine campagne, il ne leur faut pas donner un jour de soleil, mais feindre un temps couvert, et faire paroître quelques nuages transparens entre le soleil et vos figures, enfin qu'étant éclairées plus foiblement, l'extrémité de leurs ombres se mêle insensiblement avec la lumière et s'y perde.

CHAPITRE XXX. Comment il faut dessiner le nud.

Lorsque vous dessinerez le nud, donnez toujours à votre figure entière tout son contour, puis vous choisirez la partie qui vous plaira davantage ; et après lui avoir donné une belle proportion avec les autres, vous travaillerez à la bien finir ; car autrement vous n'apprendrez jamais à bien mettre ensemble tous les membres. Enfin, pour donner de la grâce à vos figures, observez de ne point tourner la tête d'une figure du même côté que l'estomac, et de ne point donner au bras et à la jambe de mouvement qui les porte du même côté ; et si la tête se tourne vers l'épaule droite, faites qu'elle penche un peu du côté gauche, et si l'estomac avance en dehors, faites que la tête se tournant au côté gauche, les parties du côté droit soient plus hautes que celles du gauche.

CHAPITRE XXXI. De la manière de dessiner d'après la bosse, ou d'après le naturel.

Celui qui dessine d'après des figures en bosse ou de relief, doit se placer de telle sorte, que son œil soit au niveau de celui de la figure qu'il imite.

CHAPITRE XXXII. Manière de dessiner un paysage d'après le naturel, ou de faire un plan exact de quelque campagne.

Ayez un carreau de verre bien droit, de la grandeur d'une demi-feuille de grand papier, et le posez bien à plomb et ferme entre votre vue et la chose que vous voulez dessiner, puis éloignez-vous du verre à la distance des deux tiers de votre bras, c'est-à-dire, d'environ un pied et demi, et par le moyen de quelque instrument, tenez votre tête si ferme, qu'elle ne puisse recevoir aucun mouvement ; après, couvrez-vous un œil ou le fermez, et avec la pointe d'un pinceau ou d'un crayon, marquez sur le verre ce que vous verrez au travers, etcontre-tirez au jour sur du papier ce qui est tracé sur le verre ; enfin calquez ce dessin qui est sur le papier, pour en tirer un autre plus net sur un nouveau papier, vous pourrez mettre en couleur ce dernier dessein, si vous voulez ; mais ne manquez pas d'y observer la perspective aérienne.

CHAPITRE XXXIII. Comment il faut dessiner les paysages.

Les paysages doivent être peints de manière que les arbres soient demi-éclairés et demi-ombrés ; mais le meilleur temps qu'on puisse prendre pour y travailler, est quand le soleil se trouve à moitié couvert de nuages ; car alors les arbres reçoivent d'un côté une lumière universelle de l'air, et de l'autre une ombre universelle de la terre, et les parties de ces arbres sont d'autant plus sombres, qu'elles sont plus près de terre.

CHAPITRE XXXIV. Comment il faut dessiner à la lumière de la chandelle.

Quand vous n'aurez point d'autre lumière que celle dont on se sert la nuit, il faudra que vous mettiez entre la lumière et la figure que vous imitez un châssis de toile, ou bien de papier huilé, ou même un papier tout simple sans être huilé, pourvu qu'il soit foible et fin ; les ombres étant adoucies par ce moyen là, ne paroîtront point tranchées d'une manière trop dure.

CHAPITRE XXXV. *De quelle manière on pourra peindre une tête, et lui donner de la grâce avec les ombres et les lumières convenables.*

La force des jours et des ombres donne beaucoup de grâce au visage des personnes qui sont assises à l'entrée d'un lieu obscur ; tout le monde sera frappé en les voyant, si les lumières et les ombres y sont bien distribuées ; mais les connoisseurs pénétreront plus avant que les autres, et ils remarqueront que le côté du visage qui est ombré, est encore obscurci par l'ombre du lieu vers lequel il est tourné, et que le côté qui est éclairé reçoit encore de l'éclat de l'air dont la lumière est répandue par-tout, ce qui fait que les ombres sont presque insensibles de ce côté là. C'est cette augmentation de lumière et d'ombre qui donne aux figures, et un grand relief, et une grande beauté.

CHAPITRE XXXVI. Quelle lumière on doit choisir pour peindre les portraits, et généralement toutes les carnations.

Il faut pour cela avoir une chambre exposée à l'air et découverte, et dont les murailles auront été mises en couleur de carnation. Le temps qu'il faut prendre pour peindre, c'est l'été, lorsque le soleil est couvert de nuages légers ; mais si l'on craint qu'il ne se découvre, il faut que la muraille de la chambre soit tellement élevée du côté du midi, que les rayons du soleil ne puissent donner sur la muraille qui est du côté du septentrion ; car, par leurs reflets, ils feroient de faux jours, et gâteroient les ombres.

CHAPITRE XXXVII. Comment un Peintre doit voir et dessiner les figures qu'il veut faire entrer dans la composition d'une histoire.

Il faut qu'un Peintre considère toujours, dans le lieu où son tableau doit être posé, la hauteur du plan sur lequel il veut placer les figures, et tout ce qui doit entrer dans la composition de son tableau, et qu'ensuite]a hauteur de sa vue se trouve autant au-dessous de la chose qu'il dessine, que le lieu, où son tableau sera exposé est plus élevé que l'œil de celui qui le regardera. Sans cette attention un tableau sera plein de fautes, et fera un fort mauvais effet.

CHAPITRE XXXVIII. Moyen pour dessiner avec justesse, d'après le naturel, quelque figure que ce soit.

Il faut tenir de la main un fil avec un plomb suspendu pour voir les parties qui se rencontrent sur une même ligne perpendiculaire.

CHAPITRE XXXIX. Mesure ou division d'une statue.

Divisez la tête en douze degrés, et chaque degré en douze points, chaque point en douze minutes, et les minutes en secondes, et ainsi de suite, jusqu'à ce que vous ayez trouvé une mesure égale aux plus petites parties de votre figure.

CHAPITRE XL. Comment un Peintre se doit placer à l'égard du jour qui éclaire son modèle.

Que A B soit la fenêtre par où vient le jour, et M le centre de la lumière. Je dis que le Peintre sera bien placé en quelque endroit qu'il se mette, pourvu que son œil se trouve entre la partie ombrée de son modèle et celle qui est éclairée, et il trouvera ce lieu en se mettant entre le point M et le point du modèle où il cesse d'être éclairé et où il commence à être ombré.

CHAPITRE XLI. Quelle lumière est avantageuse pour faire paroître les objets.

Une lumière haute répandue également, et qui n'est pas trop éclatante et trop vive, est fort avantageuse pour faire paroître avec grâce jusques aux moindres parties d'un objet.

CHAPITRE XLII. D'où vient que les Peintres se trompent souvent dans le jugement qu'ils font de la beauté des parties du corps et de la justesse de leurs proportions.

Un Peintre qui aura quelque partie de son corps moins belle et moins bien proportionnée qu'elle ne doit être pour plaire, sera sujet à faire mal la même partie dans ses ouvrages ; cela se remarque principalement dans les mains, que nous avons continuellement devant les yeux. Il faut donc qu'un Peintre corrige, par une attention particulière, l'impression que fait sur son imagination un objet qui se présente toujours à lui, et lorsqu'il a remarqué dans sa personne quelque partie défectueuse, il doit se défier de l'amour-propre et de l'inclination naturelle qui nous porte à trouver belles les choses qui nous ressemblent.

CHAPITRE XLIII. Qu'il est nécessaire de savoir l'anatomie et de connoître l'assemblage des parties de l'homme.

Un Peintre qui aura une connoissance exacte des nerfs, des muscles et des tendons, saura bien, dans le mouvement d'un membre, combien de nerfs y concourent, et de quelle sorte et quel muscle venant à s'enfler, est cause qu'un nerf se retire, et quels tendons et quels ligamens se ramassent autour d'un muscle pour le faire agir ; et il ne fera pas comme plusieurs Peintres ignorans, lesquels, dans toutes sortes d'attitudes, font toujours paroître les mêmes muscles aux bras, au dos, à l'estomac et aux autres parties.

CHAPITRE XLIV. Du défaut de ressemblance et de répétition dans un même tableau.

C'est un grand défaut, et néanmoins assez ordinaire, que de répéter dans un même tableau, les mêmes attitudes et les mêmes plis de draperies, et faire que toutes les têtes se ressemblent et paroissent dessinées d'après le même modèle.

CHAPITRE XLV. Ce qu'un Peintre doit faire pour ne se point tromper dans le choix qu'il fait d'un modèle.

Il faut premièrement qu'un Peintre dessine sa figure sur le modèle d'un corps naturel, dont la proportion soit généralement reconnue pour belle ; ensuite il se fera mesurer lui-même, pour voir en quelle partie de sa personne il se trouvera différent de son modèle, et combien cette différence est grande ; et quand il l'aura une fois observé, il doit éviter avec soin dans ses figures, les défauts qu'il aura remarqués en sa personne. Un Peintre ne sauroit faire trop d'attention à ce que je dis ; car, comme il n'y a point d'objet qui nous soit plus présent ni plus uni que notre corps, les défauts qui s'y rencontrent ne nous paroissent pas être des défauts, parce que nous sommes accoutumés à les voir, souvent même ils nous plaisent, et notre ame prend plaisir à voir des choses qui ressemblent au corps qu'elle anime. C'est peut-être pour celle raison qu'il n'y a point de femme, quelque mal faite qu'elle soit, qui ne trouve quelqu'un qui la recherche.

CHAPITRE XLVI. De la faute que font les Peintres qui font entrer dans la composition d'un tableau, des figures qu'ils ont dessinées à une lumière différente de celle dont ils supposent que leur tableau est éclairé.

Un Peintre aura dessiné en particulier une figure avec une grande force de jour et d'ombres, et ensuite par ignorance, ou par inadvertance, il fait entrer la même figure dans la composition d'un tableau où l'action représentée se passe à la campagne, et demande une lumière qui se répande également de tous côtés, et fasse voir toutes les parties des objets. Il arrive, au contraire, dans l'exemple dont nous parlons, que, contre les règles du clair-obscur, on voit des ombres fortes où il n'y en peut avoir, ou du moins où elles sont presque insensibles, et des reflets où il est impossible qu'il y en ait.

CHAPITRE XLVII. Division de la Peinture.

La Peinture se divise en deux parties principales. La première est le dessin, c'est-à-dire, le simple trait ou le contour qui termine les corps et leurs parties, et qui en marque la figure : la seconde est le coloris, qui comprend les couleurs que renferme le contour des corps.

CHAPITRE XLVIII. Division du Dessin.

Le dessin se divise aussi en deux parties, qui sont la proportion des parties entre elles, par rapport au tout qu'elles doivent former, et l'attitude qui doit être propre du sujet, et convenir à l'intention et aux sentimens qu'on suppose dans la figure qu'on représente.

CHAPITRE XLIX. De la proportion des membres.

Il faut observer trois choses dans les proportions ; la justesse, la convenance et le mouvement. La justesse comprend la mesure exacte des parties considérées par rapport les unes aux autres, et au tout qu'elles composent. Par la convenance on entend le caractère propre des personnages selon leur âge, leur état, et leur condition ; ensorte que dans une même figure on ne voie point en même temps des membres d'un jeune homme et d'un vieillard, ni dans un homme ceux d'une femme ; qu'un beau corps n'ait que de belles parties. Enfin le mouvement, qui n'est autre chose que l'attitude et l'expression des sentimens de l'ame, demande dans chaque figure une disposition qui exprime ce qu'elle fait, et la manière dont elle le doit faire ; car il faut bien remarquer qu'un vieillard ne doit point faire paroître tant de vivacité qu'un jeune homme, ni tant de force qu'un homme robuste ; que les femmes n'ont pas le même air que les hommes ; qu'enfin les mouvemens d'un corps doivent faire voir ce qu'il a de force ou de délicatesse.

CHAPITRE L. Du mouvement et de l'expression des figures.

Toutes les figures d'un tableau doivent être dans une attitude convenable au sujet qu'elles représentent, de sorte qu'en les voyant on puisse connoître ce qu'elles pensent et ce qu'elles veulent dire. Pour imaginer sans peine ces attitudes convenables, il n'y a qu'à considérer attentivement les gestes que font les muets, lesquels expriment leurs pensées par les mouvemens des yeux, des mains, et de tout le corps. Au reste, vous ne devez point être surpris que je vous propose un maître sans langue pour vous enseigner un art qu'il ne sait pas lui-même, puisque l'expérience peut vous faire connoître qu'il vous en apprendra plus par ses actions que tous les autres avec leurs paroles et leurs leçons. Il faut donc qu'un Peintre, de quelque école qu'il soit, avant que d'arrêter son dessin, considère attentivement la qualité de ceux qui parlent, et la nature de la chose dont il s'agit, afin d'appliquer à propos à son sujet l'exemple d'un muet que je propose.

CHAPITRE LI Qu'il faut éviter la dureté des contours.

Ne faites point les contours de vos figures d'une autre teinte que de celle du champ où elles se trouvent, c'est-à-dire, qu'il ne les faut point profiler d'aucun trait obscur qui soit d'une couleur différente de celle du champ, et de celle de la figure.

CHAPITRE LII. Que les défauts ne sont pas si remarquables dans les petites choses que dans les grandes.

ON ne peut pas remarquer dans les petites figures aussi aisément que dans les grandes, les défauts qui s'y rencontrent ; cela vient de la grande diminution des parties des petites figures, qui ne permet pas d'en remarquer exactement les proportions : de sorte qu'il est impossible de marquer en quoi ces parties sont défectueuses. Par exemple, si vous regardez un homme éloigné de vous de trois cents pas, et que vous vouliez examiner les traits de son visage et remarquer s'il est beau, ou mal fait, ou seulement d'une apparence ordinaire, quelque attention que vous y apportiez, il vous sera impossible de le faire : cela vient sans doute de la diminution apparente des parties de l'objet que vous regardez, causée par son grand éloignement ; et si vous doutez que l'éloignement diminue les objets, vous pourrez vous en assurer par la pratique suivante : Tenez la main à quelque distance de votre visage, de sorte qu'ayant un doigt élevé et dressé, le bout de ce doigt réponde au haut de la tête de celui que vous regardez, et vous verrez que votre doigt couvre non-seulement son visage en longueur, mais même une partie de son corps ; ce qui est une preuve évidente de la diminution apparente de l'objet.

CHAPITRE LIII. D'où vient que les choses peintes ne peuvent jamais avoir le même relief que les choses naturelles.

Les Peintres assez souvent se dépitent contre leur ouvrage, et se fâchent de ce que, tâchant d'imiter le naturel, ils trouvent que leurs peintures n'ont pas le même relief, ni la même force que les choses qui se voient dans un miroir ; ils s'en prennent aux couleurs, et disent que leur éclat et la force des ombres surpassent de beaucoup la force des jours et des ombres de la chose qui est représentée dans le miroir ; quelquefois ils s'en prennent à eux-mêmes, et attribuent à leur ignorance un effet purement naturel, dont ils ne connoissent pas la cause. Il est impossible que la peinture paroisse d'aussi grand relief que les choses vues dans un miroir (bien que l'une et l'autre ne soient que superficielles), à moins qu'on ne les regarde qu'avec un œil : en voici la raison : les deux yeux A B voyant les objets N M l'un derrière l'autre, M ne peut pas être entièrement occupé par N, parce que la base des rayons visuels est si large, qu'après le second objet elle voit encore le premier ; mais si vous vous servez seulement d'un œil, comme dans la figure S, l'objet F, occupera toute l'étendue de R, parce que la pyramide des rayons visuels partant d'un seul point, elle a pour base le premier corps F, tellement que le second R qui est de même grandeur, ne pourra jamais être vu[1].

---

[1] Léonard de Vinci est fort obscur dans ce chapitre, et peut-être s'est-il trompé : celui qui l'a traduit la première fois ne l'a ni expliqué ni corrigé. Voici ce qu'on peut dire sur la matière qui est ici traitée. Tout tableau est une perspective, et l'art peut faire paroître les figures d'un tableau avec autant de relief qu'en ont les figures naturelles. Mais un tableau ne représente que des figures plates autour desquelles on ne sauroit tourner pour en voir les différens côtés ; il n'a proprement qu'un point de vue d'où on puisse les bien voir, au lieu qu'on, peut voir de tous côtés les figures naturelles, et elles paroîtront toujours avec le relief qu'elles ont.

CHAPITRE LIV. Qu'il faut éviter de peindre divers tableaux d'histoire l'une sur l'autre dans une même façade.

Ce que je blâme ici est un abus universel et une faute que tous les Peintres font quand ils peignent des façades de chapelles : car, après avoir peint sur un plan une histoire, avec son paysage et des bâtimens, ils en peignent plusieurs autres au-dessus et à côté de la première sur autant de plans différens, en changeant chaque fois de point perspectif, de sorte que la même façade se trouve peinte avec plusieurs points de vue différens, ce qui est une grande bévue pour des Peintres, d'ailleurs habiles, puisque le point de vue d'un tableau représente l'œil de celui qui le regarde. Et si vous me demandez comment on pourra donc peindre sur une même façade la vie d'un saint, divisée en plusieurs sujets d'histoire ; à cela je vous réponds qu'il faut placer votre premier plan avec son point perspectif à une hauteur de vue convenable à ceux qui verront votre tableau, et sur ce premier plan représenter votre principale histoire en grand, et puis aller diminuant les figures et les bâtimens de la suite de votre sujet, selon les diverses situations des lieux. Et dans le reste de la façade, vers le haut, vous y pourrez faire du paysage avec des arbres d'une grandeur proportionnée aux figures, ou des anges, si le sujet de l'histoire le demande, ou bien des oiseaux, ou simplement un ciel avec des nuages, et semblables choses ; autrement, n'entreprenez point de peindre ces sortes de tableaux, car tout votre ouvrage seroit faux, et contre les règles de l'optique.

CHAPITRE LV. De quelle lumière un Peintre se doit servir pour donner à ses figures un plus grand relief.

Les figures qui prennent leur jour de quelque lumière particulière, montrent un plus grand relief que celles qui sont éclairées de la lumière universelle, parce qu'une lumière particulière produit des reflets qui détachent les figures du champ du tableau ; ces reflets naissent des lumières d'une figure, et rejaillissent sur les ombres de la figure opposée, et lui donnent comme une foible lumière ; mais une figure exposée à une lumière particulière, en quelque lieu vaste et obscur, ne reçoit aucun reflet, tellement qu'on n'en peut voir que la partie qui est éclairée ; aussi cela se pratique seulement dans les tableaux où l'on peint des nuits avec une lumière particulière et petite.

CHAPITRE LVI. Lequel est plus excellent et plus nécessaire de savoir donner les jours et les ombres aux figures, ou de les bien contourner.

Les contours des figures font paroître une plus grande connoissance du dessin que les lumières et les ombres : la première de ces deux choses demande plus de force d'esprit, et la seconde plus d'étendue ; car les membres ne peuvent faire qu'un certain nombre de mouvemens ; mais les projections des ombres, les qualités des lumières, leurs dégradations, sont infinies.

CHAPITRE LVII. *De quelle sorte il faut étudier.*

METTEZ par écrit quels sont les muscles et les tendons, qui, selon les différentes attitudes et les différens mouvemens, se découvrent ou se cachent en chaque membre, ou bien qui ne font ni l'un ni l'autre ; et vous souvenez que cette étude est très-importante aux Peintres et aux Sculpteurs, que leur profession oblige de connoître les muscles, leurs fonctions, leur usage. Au reste, il faut faire ces remarques sur le corps de l'homme considéré dans tous les âges, depuis l'enfance jusqu'à la plus grande vieillesse, et observer les changemens qui arrivent à chaque membre durant la vie ; par exemple, s'il devient plus gras ou plus maigre, quel est l'effet des jointures, &c.

CHAPITRE LVIII. Remarque sur l'expression et sur les attitudes.

Dans les actions naturelles que les hommes font sans réflexion, il faut qu'un Peintre observe les premiers effets, qui partent d'une forte inclination et du premier mouvement des passions, et qu'il fasse des esquisses de ce qu'il aura remarqué, pour s'en servir dans l'occasion, en posant dans la même attitude un modèle qui lui fasse voir quelles parties du corps travaillent dans l'action qu'il veut représenter.

CHAPITRE LIX. Que la Peinture ne doit être vue que d'un seul endroit.

La peinture ne doit être vue que d'un seul endroit, comme on en peut juger par cet exemple. Si vous voulez représenter en quelque lieu élevé une boule ronde, il faut nécessairement que vous lui donniez un contour d'ovale en forme d'œuf, et vous retirer en arrière jusqu'à ce qu'elle paroisse ronde.

CHAPITRE LX. Remarque sur les ombres.

Quand après avoir examiné les ombres de quelque corps, vous ne pouvez connoître jusqu'où elles s'étendent, s'il arrive que vous les imitiez et que vous en peigniez de semblables dans un tableau, ayez soin de ne les point trop finir, afin de faire connoître par cette négligence ingénieuse, qui n'est que l'effet de vos réflexions, que vous imitez parfaitement la nature.

CHAPITRE LXI. Comment il faut représenter les petits enfans.

Si les enfans que vous voulez représenter sont assis, il faut qu'ils fassent paroître des mouvemens fort prompts, et même des contorsions de corps ; mais s'ils sont debout, ils doivent, au contraire, paroître timides et saisis de crainte.

CHAPITRE LXII. Comment on doit représenter les vieillards.

Les vieillards, lorsqu'ils sont debout, doivent être représentés dans une attitude paresseuse, avec des mouvemens lents, les genoux un peu pliés, les pieds à côté l'un de l'autre, mais écartés, le dos courbé, la tête penchée sur le devant, et les bras plutôt serrés que trop étendus.

CHAPITRE LXIII. Comment on doit représenter les vieilles.

Les vieilles doivent paroître ardentes et colères, pleines de rage, comme des furies d'enfer ; mais ce caractère doit se faire remarquer dans les airs de tête et dans l'agitation des bras, plutôt que dans les mouvemens des pieds.

CHAPITRE LXIV. Comment on doit peindre les femmes.

Il faut que les femmes fassent paroître dans leur air beaucoup de retenue et de modestie ; qu'elles aient les genoux serrés, les bras croisés ou approchés du corps et pliés sans contrainte sur l'estomac, la tête doucement inclinée et un peu penchée sur le côté.

CHAPITRE LXV. Comment on doit représenter une nuit.

Une chose qui est entièrement privée de lumière n'est rien que ténèbres. Or, la nuit étant de cette nature, si vous y voulez représenter une histoire, il faut faire ensorte qu'il s'y rencontre quelque grand feu qui éclaire les objets à-peu-près de la manière que je vais dire. Les choses qui se trouveront plus près du feu tiendront davantage de sa couleur, parce que plus une chose est près d'un objet, plus elle reçoit de sa lumière et participe à sa couleur ; et comme le feu répand une couleur rouge, il faudra que toutes les choses qui en seront éclairées aient une teinte rougeâtre, et qu'à mesure qu'elles en seront plus éloignées, cette couleur rouge s'affoiblisse en tirant sur le noir, qui fait la nuit. Pour ce qui est des figures, voici ce que vous y observerez. Celles qui sont entre vous et le feu semblent n'en être point éclairées ; car du côté que vous les voyez, elles n'ont que la teinte obscure de la nuit, sans recevoir aucune clarté du feu, et celles qui sont aux deux côtés doivent être d'une teinte demi-rouge et demi-noire ; mais les autres qu'on pourra voir au-delà de la flamme, seront toutes éclairées d'une lumière rougeâtre sur un fond noir. Quant aux actions et à l'expression des mouvemens, il faut que les figures qui sont plus proches du feu portent les mains sur le visage, et se couvrent avec leurs manteaux, pour se garantir du trop grand éclat du feu et de sa chaleur, et tournent le visage de l'autre côté, comme quand on veut fuir ou s'éloigner de quelque lieu : vous ferez aussi paroître, éblouis de la flamme, la plupart de ceux qui sont éloignés, et ils se couvriront les yeux de leurs mains, pour les parer de la trop grande lumière.

CHAPITRE LXVI. Comment il faut représenter une tempête.

Si vous voulez bien représenter une tempête, considérez attentivement ses effets. Lorsque le vent souffle sur la mer ou sur la terre, il enlève tout ce qui n'est pas fortement attaché à quelque chose, il l'agite confusément et l'emporte. Ainsi, pour bien peindre une tempête, vous représenterez les nuages entrecoupés et portés avec impétuosité par le vent du côté qu'il souffle, l'air tout rempli de tourbillons d'une poussière sablonneuse qui s'élève du rivage, des feuilles et même des branches d'arbres enlevées par la violence et la fureur du vent, la campagne toute en désordre, par une agitation universelle de tout ce qui s'y rencontre, des corps légers et susceptibles de mouvement répandus confusément dans l'air, les herbes couchées, quelques arbres arrachés et renversés, les autres se laissant aller au gré du vent, les branches ou rompues ou courbées, contre leur situation naturelle, les feuilles toutes repliées de différentes manières et sans ordre ; enfin, des hommes qui se trouvent dans la campagne, les uns seront renversés et embarrassés dans leurs manteaux, couverts de poussière et méconnoissables ; les autres qui sont demeurés debout paroîtront derrière quelque arbre et l'embrasseront, de peur que l'orage ne les entraîne ; quelques autres se couvrant les yeux de leurs mains pour n'être point aveuglés de la poussière, seront courbés contre terre, avec des draperies volantes et agitées d'une manière irrégulière, ou emportées par le vent. Si la tempête se fait sentir sur la mer, il faut que les vagues qui s'entre-choquent la couvrent d'écume, et que le vent en remplisse l'air comme d'une neige épaisse ; que dans les vaisseaux qui seront au milieu des flots, on y voie quelques matelots tenant quelques bouts de cordes rompues, des voiles brisées étrangement agitées, quelques mâts rompus et renversés sur le vaisseau tout délabré au milieu des vagues, des hommes criant se prendre à ce qui leur reste des débris de ce vaisseau. On pourra feindre aussi dans l'air des nuages emportés avec impétuosité par les vents, arrêtés et repoussés par les sommets des hautes montagnes se replier sur eux-mêmes, et les environner, comme si c'étoient des vagues rompues contre des écueils, le jour obscurci d'épaisses ténèbres, et l'air tout rempli de poudre, de pluie et de gros nuages.

CHAPITRE LXVII. Comme on doit représenter aujourd'hui une bataille.

Vous peindrez premièrement la fumée de l'artillerie, mêlée confusément dans l'air avec la poussière que font les chevaux des combattans, et vous exprimerez ainsi ce mélange confus. Quoique la poussière s'élève facilement en l'air, parce qu'elle est fort menue, néanmoins parce qu'elle est terrestre et pesante, elle retombe naturellement, et il n'y a que les parties les plus subtiles qui demeurent en l'air. Vous la peindrez donc d'une teinte fort légère et presque semblable à celle de l'air, la fumée qui se mêle avec l'air et la poussière étant montée à une certaine hauteur, elle paroîtra comme des nuages obscurs. Dans la partie la plus élevée, on discernera plus clairement la fumée que la poussière, et la fumée paroîtra d'une couleur une peu azurée et bleuâtre, mais la poussière conservera son coloris naturel du côté du jour ; ce mélange d'air, de fumée et de poussière sera beaucoup plus clair sur le haut que vers le bas. Plus les combattans seront enfoncés dans ce nuage épais, moins on les pourra discerner, et moins encore on distinguera la différence de leurs lumières d'avec leurs ombres. Vous peindrez d'un rouge de feu de visages, les personnes, l'air, les armes, et tout ce qui se trouvera aux environs, et cette rougeur diminuera à mesure qu'elle s'éloigne de son principe, et enfin elle se perdra tout-à-fait. Les figures qui seront dans le lointain, entre vous et la lumière, paroîtront obscures sur un champ clair, et leurs jambes seront moins distinctes et moins visibles, parce que près de terre la poussière est plus épaisse et plus grossière. Si vous représentez hors de la mêlée quelques cavaliers courant, faites élever entre eux et derrière eux de petits nuages de poussière, à la distance de chaque mouvement de cheval, et que ces nuages s'affoiblissent et disparoissent à mesure qu'ils seront plus loin du cheval qui les a fait élever, et même que les plus éloignés soient plus hauts, plus étendus et plus clairs, et les plus proches plus grossiers, plus sensibles, plus épais et plus ramassés. Que l'air paroisse rempli de traînées de feu semblables à des éclairs ;

que de ces espèces d'éclairs que la poudre forme en s'enflammant, les uns tirent en haut, que les autres retombent en bas ; que quelques-uns soient portés en ligne droite, et que les balles des armes à feu laissent après elles une traînée de fumée. Vous ferez aussi les figures sur le devant couvertes de poudre sur les yeux, sur le visage, sur les cils des yeux, et sur toutes les autres parties sujettes à retenir la poussière. Vous ferez voir les vainqueurs courant, ayant les cheveux épars, agités au gré du vent, aussi-bien que leurs draperies, le visage ridé, les sourcils enflés et approchés l'un de l'autre : que leurs membres fassent un contraste entre eux, c'est-à-dire, si le pied droit marche le premier, que le bras gauche soit aussi le plus avancé ; et si vous représentez quelqu'un tombé à terre, qu'on le remarque à la trace qui paroît sur la poussière ensanglantée ; et tout autour sur la fange détrempée on verra les pas des hommes et des chevaux qui y ont passé. Vous ferez encore voir quelques chevaux entraînant et déchirant misérablement leur maître mort, attaché par les étriers, ensanglantant tout le chemin par où il passe. Les vaincus mis en déroute, auront le visage pâle, les sourcils hauts et étonnés, le front tout ridé, les narines retirées en arc, et replissées depuis la pointe du nez jusqu'auprès de l'œil, la bouche béante, et les lèvres retroussées, découvrant les dents et les desserrant comme pour crier bien haut. Que quelqu'un tombé par terre et blessé, tienne une main sur ses yeux effarés, le dedans tourné vers l'ennemi, et se soutienne de l'autre comme pour se relever ; vous en ferez d'autres fuyant et criant à pleine tête : le champ de bataille sera couvert d'armes de toutes sortes sous les pieds des combattans, de boucliers, de lances, d'épées rompues, et d'autres semblables choses ; entre les morts on en verra quelques-uns demi-couverts de poussière et d'armes rompues, et quelques autres tout couverts et presque enterrés ; la poussière et le terrain détrempé de sang fera une fange rouge ; des ruisseaux de sang sortant des corps, couleront parmi la poussière ; on en verra d'autres en mourant grincer les dents, rouler les yeux, serrer les poings, et faire diverses contorsions du corps, des bras et des jambes. On pourroit feindre quelqu'un désarmé et terrassé par son ennemi, se défendre encore avec les dents et les ongles : on pourra représenter quelque cheval échappé, courant au travers des ennemis, les crins épars et flottant au vent, faire des ruades et un grand désordre parmi eux : on y verra quelque malheureux estropié tomber par terre, et se couvrir de son bouclier, et son ennemi courbé sur lui, s'efforçant de lui ôter la vie. On pourroit encore voir quelque troupe d'hommes couchés pêle-mêle sous un cheval mort ; et quelques-uns des vainqueurs sortant du combat et de la presse, s'essuyer avec les mains, les yeux offusqués de la poussière, et les joues toutes crasseuses et barbouillées de la fange qui s'étoit faite de leur sueur et des larmes que la poussière leur a fait couler des yeux. Vous verrez les escadrons venant au secours, pleins d'une espérance mêlée de circonspection, les sourcils hauts, et se faisant ombre sur les yeux avec la main, pour discerner mieux les ennemis dans la mêlée et au travers de la poussière, et être attentifs au commandement du capitaine, et le capitaine le bâton haut, courant et montrant le lieu où il faut aller : on y pourra feindre quelque fleuve, et dedans des cavaliers, faisant voler l'eau tout autour d'eux en courant, et blanchir d'écume tout le chemin par où ils passent : il ne faut rien voir, dans tout le champ de bataille, qui ne soit rempli de sang et d'un horrible carnage.

CHAPITRE LXVIII. Comment il faut peindre un lointain.

C'EST une chose évidente et connue de tout le monde, que l'air est en quelques endroits plus grossier et plus épais qu'il n'est en d'autres, principalement quand il est plus proche de terre ; et à mesure qu'il s'élève en haut, il est plus subtil, plus pur et plus transparent. Les choses hautes et grandes, desquelles vous vous trouvez éloigné, se verront moins vers les parties basses, parce que le rayon visuel qui les fait voir passe au travers d'une longue masse d'air épais et obscur ; et on prouve que vers le sommet elles sont vues par une ligne, laquelle bien que du côté de l'œil elle commence dans un air grossier, néanmoins comme elle aboutit au sommet de son objet, elle finit dans un air beaucoup plus subtil que n'est celui des parties basses ; et ainsi à mesure que cette ligne ou rayon visuel s'éloigne de l'œil, elle se subtilise comme par degré, en passant d'un air pur dans un autre qui l'est davantage : de sorte qu'un Peintre qui a des montagnes à représenter dans un paysage, doit observer que de colline en colline le haut en paroîtra toujours plus clair que le bas, et quand la distance de l'une à l'autre sera plus grande, il faut que le haut en soit aussi plus clair à proportion ; et plus elles seront élevées, plus les teintes claires et légères, en feront mieux remarquer la forme et la couleur.

CHAPITRE LXIX. Que l'air qui est près de la terre, doit paroître plus éclairé que celui qui en est loin.

Parce que l'air qui est près de la terre est plus grossier que celui qui en est loin, il reçoit et renvoie beaucoup plus de lumière : vous pouvez le remarquer lorsque le soleil se lève ; car si vous regardez alors du côté du couchant, vous verrez de ce côté-là une grande clarté, et vous ne verrez rien de semblable vers le haut du ciel : cela vient de la réflexion des rayons de lumière qui se fait sur la terre et dans l'air grossier ; de sorte que si dans un paysage vous représentez un ciel qui se termine sur l'horizon, il faudra que la partie basse du ciel qui reçoit la lumière du soleil ait un grand éclat, et que cette blancheur altère un peu sa couleur naturelle, qui ne se verra en cet endroit qu'à travers l'air grossier : au contraire, le ciel qui est au-dessus de la tête, doit moins participer à cette couleur blaffarde, parce que les rayons de lumière n'ont pas à pénétrer tant d'air grossier et rempli de vapeurs. L'air près de terre est quelquefois si épais, que si vous regardez certains jours le soleil, lorsqu'il se lève, vous verrez que ses rayons ne sauroient presque passer au travers de l'air.

CHAPITRE LXX. Comment on peut donner un grand relief aux figures, et faire qu'elles se détachent du fond du tableau.

Les figures de quelque corps que ce soit, paroîtront se détacher du fond du tableau, et avoir un grand relief, lorsque le champ sur lequel sont les figures, sera mêlé de couleurs claires et obscures, avec la plus grande variété qui sera possible sur les contours des figures, comme je le montrerai en son lieu ; mais il faut qu'en l'assortiment de ces couleurs, la dégradation des teintes, c'est-à-dire, la diminution de clarté dans les blanches, et d'obscurité dans les noires, y soit judicieusement observée.

CHAPITRE LXXI. Comment on doit représenter la grandeur des objets que l'on peint.

Pour représenter la juste grandeur des choses qui servent d'objet à l'œil, si le dessin est petit, comme sont ordinairement les ouvrages de miniature, il faut que les premières figures qui sont sur le devant soient aussi finies que celles des grands tableaux, parce que les ouvrages de miniature étant petits, ils doivent être vus de près, et les grands tableaux doivent être vus de plus loin : d'où il arrive que les figures qui sont si différentes en grandeur, paroîtront néanmoins de même grandeur. La raison qu'on en apporte ordinairement se prend de la grandeur de l'angle sous lequel l'œil voit ces figures, et on expose ainsi cette raison. Que le tableau soit B C et l'œil A, et que D E soit un verre par lequel passe l'image des figures qui sont représentées en B C. Je dis que l'œil A demeurant ferme, la grandeur de la copie, ou de la peinture du tableau B C qui se fait sur le verre D E, doit être d'autant plus petite, que le verre D E sera plus proche de l'œil A, et qu'elle doit être aussi finie que le tableau même, parce qu'elle doit représenter parfaitement la distance dans laquelle est le tableau ; et si l'on veut faire le tableau B C sur D E, cette figure ne doit pas être si achevée, ni si déterminée que la figure B C, et elle doit l'être davantage que la figure M N, transportée sur le tableau F G, parce que si la figure P O étoit aussi achevée que la figure B C, la perspective de O P se trouveroit fausse ; car quoiqu'eu égard à la diminution de la figure, elle fût bien, BC étant diminué ou raccourci à la grandeur de P O, néanmoins elle seroit trop finie, ce qui ne s'accorderoit pas bien avec la distance, parce qu'en voulant représenter la figure BC très-finie, alors elle ne paroîtroit plus être en B C, mais en P O ou on F G.

CHAPITRE LXXII. Quelles choses doivent être plus finies, et quelles choses doivent l'être moins.

Les choses proches, ou qui sont sur le devant du tableau, doivent être plus finies et plus terminées que celles qu'on feint être vues dans le lointain, lesquelles il faut toucher plus légèrement, et laisser moins finies.

CHAPITRE LXXIII. *Que les figures séparées ne doivent point paraître se toucher, et être jointes ensemble.*

FAITES ensorte que les couleurs que vous donnerez à vos figures soient tellement assorties, qu'elles s'entre-donnent de la grace, et quand une des couleurs sert de champ à l'autre, que ce soit avec une telle discrétion, qu'elles ne paroissent point unies et attachées l'une à l'autre, bien qu'elles fussent d'une même espèce de couleur, mais que la diversité de leur teinte, foible ou forte, soit proportionnée à la distance qui les sépare, et à l'épaisseur de l'air qui est entre-deux, et que par la même règle, les contours se trouvent aussi proportionnés, c'est-à-dire, soient plus ou moins terminés, selon la distance ou la proximité des figures.

CHAPITRE LXXIV. *Si le jour se doit prendre en face ou de côté, et lequel des deux donne plus de grace.*

Le jour pris en face donnera un grand relief aux visages qui sont placés entre des parois obscures et peu éclairées, et principalement si le jour leur vient d'en haut. La cause de ce relief est, que les parties les plus avancées de ces visages sont éclairées de la lumière universelle de l'air qui est devant eux, tellement que ces parties ainsi éclairées, ont des ombres presque insensibles ; et au contraire, les parties plus éloignées reçoivent de l'ombre et de l'obscurité des parois, et elles en reçoivent plus à mesure qu'elles sont plus éloignées des parties avancées, et plus enfoncées dans l'ombre. De plus, remarquez que le jour qui vient d'en haut, n'éclaire point toutes les parties du visage, dont quelques-unes sont couvertes par celles qui ont du relief, comme les sourcils qui ôtent le jour à l'orbite des yeux, le nez qui l'ôte à une partie de la bouche, et le menton qui l'ôte à la gorge.

CHAPITRE LXXV. De la réverbération, ou des reflets de lumière.

Les reflets de lumière viennent des corps clairs et transparens, dont la superficie est polie et médiocrement épaisse : car ces corps étant frappés de quelque lumière, elle rejaillit comme une balle qui fait un bond, et elle se réfléchit sur le premier objet qu'elle rencontre du côté opposé à celui d'où elle vient.

CHAPITRE LXXVI. Des endroits où la lumière ne peut être réfléchie.

Les superficies des corps épais sont environnées de lumières et d'ombres qui ont des qualités différentes. On distingue deux sortes de lumières ; l'une qu'on appelle originale, et l'autre qu'on appelle dérivée : la lumière originale est celle d'un corps, qui ne la reçoit point d'ailleurs, et qui l'a dans lui-même, comme le feu, le soleil et même l'air, qui en est pénétré de tous côtés, quoiqu'il la reçoive du soleil. La lumière dérivée est une lumière réfléchie, une lumière qu'un corps reçoit d'ailleurs, et qu'il n'a point de lui-même. Venons maintenant au sujet de ce chapitre. Je dis qu'un corps ne réfléchira point de lumière du côté qu'il est dans l'ombre, c'est-à-dire, du côté qui est tourné vers quelque lieu sombre, à cause des arbres, des bois, des herbes qui l'empêchent de recevoir la lumière ; et quoique chaque branche et chaque feuille reçoive la lumière vers laquelle elle est tournée, cependant la quantité de feuilles et de branches forme un corps opaque que la lumière ne peut pénétrer ; elle ne peut pas même être réfléchie sur un corps opposé, à cause de l'inégalité des surfaces de tant de feuilles et de tant de branches ; tellement que ces sortes d'objets ne sont guère capables de réfléchir la lumière et de faire des reflets.

CHAPITRE LXXVII. Des reflets.

Les reflets participeront plus ou moins à la couleur de l'objet sur lequel ils sont produits, et à la couleur de l'objet qui les produit, selon que l'objet qui les reçoit a une surface plus ou moins polie que celui qui les produit.

CHAPITRE LXXVIII. Des reflets de lumière qui sont portés sur des ombres.

Si la lumière du jour éclairant quelque corps est réfléchie sur les ombres qui l'environnent, elle formera des reflets qui seront plus ou moins clairs, selon la force de leur lumière et selon qu'ils sont plus ou moins proche du corps qui renvoie la lumière. Il y en a qui négligent cette observation que d'autres mettent en pratique, et cette diversité de sentiment et de pratique partage les Peintres en deux sectes, et chaque secte blâme celle qui lui est opposée. Si vous voulez garder un juste milieu, et n'être blâmé de personne, je vous conseille de ne faire de reflets de lumière que lorsque la cause de ces reflets et de leurs teintes sera assez évidente pour être connue de tout le monde. Usez-en de même, lorsque vous ne faites point de reflets, et qu'on voie qu'il n'y avoit pas raison d'en faire.

CHAPITRE LXXIX. *Des endroits où les reflets de lumière paroissent davantage, et de ceux où ils paroissent moins.*

Les reflets de lumière ont plus ou moins de clarté, c'est-à-dire, sont plus ou moins apparens, selon que le champ sur lequel ils se rencontrent est plus ou moins obscur. Si le champ est plus obscur que le reflet, alors le reflet paroîtra fort, et sera sensible à l'œil, par la grande différence des couleurs du champ et du reflet ; mais si le reflet se trouve sur un fond plus clair qu'il n'est lui-même, alors ce reflet sera moins éclatant, à cause de la blancheur sur laquelle il se termine ; et ainsi il deviendra presque imperceptible.

CHAPITRE LXXX. Quelle partie du reflet doit être plus claire.

Le reflet sera plus clair et plus vif dans la partie qui recevra sa lumière entre des angles plus égaux ; par exemple, soit le centre de la lumière N, et que A B soit la partie éclairée du corps A B C F E D, de laquelle la lumière soit réfléchie et renvoyée tout autour de la concavité opposée du même corps, qui n'est point éclairé de ce côté-là. Supposons aussi que cette lumière qui se réfléchit en F soit portée entre des angles égaux, ou à-peu-près égaux : le reflet E n'aura point les angles si égaux sur la base que le reflet F, comme on le peut voir par la grande différence qu'il y a entre les angles E A B et E B A. Ainsi le point F recevra plus de lumière que le point E, et le reflet F sera plus éclatant que le reflet E, parce que, quoique les angles F et E aient une même base, les angles opposés au point F sont plus semblables entre eux que les angles opposés au point E. D'ailleurs, selon les règles de la perspective, le point F doit être plus éclairé que le point E, parce qu'il est plus près du corps lumineux A B, dont ils reçoivent la lumière.

CHAPITRE LXXXI. Des reflets du coloris de la carnation.

Les reflets de la carnation qui se forment par la réflexion de la lumière sur une autre carnation, sont plus rouges, d'une couleur plus vermeille, et d'un coloris plus vif et plus éclatant qu'aucune autre partie du corps ; et cela arrive, parce que la superficie de tout corps opaque participe d'autant plus à la couleur du corps qui l'éclaire, que ce corps est plus proche, et d'autant moins qu'il est plus éloigné ; elle y participe aussi plus ou moins, selon qu'il est plus ou moins grand, parce qu'un grand objet qui renvoie beaucoup de lumière, empêche que celle que les autres objets voisins envoient n'altère la sienne : ce qui arriveroit infailliblement si cet objet étoit petit ; car, alors toutes ces lumières et tous ces reflets se confondroient, et leurs couleurs se mêleroient ensemble. Il peut cependant arriver qu'un reflet tienne plus de la couleur d'un corps plus petit, dont il est proche, que de la couleur d'un plus grand, dont il est fort éloigné, et qui a des effets moins sensibles, à cause de la grande distance.

CHAPITRE LXXXII. En quels endroits les reflets sont plus sensibles.

De tous les reflets, celui qui a un champ plus obscur doit paroître plus terminé et plus sensible ; et, au contraire, celui qui a un champ plus clair est moins sensible : cela vient de la diversité des ombres opposées, qui fait que la moins obscure donne de la force à celle qui l'est davantage, et elle la fait paroître encore plus obscure qu'elle ne l'est. De même les choses qui ont une différente blancheur étant opposées, la plus blanche fait paroître l'autre comme ternie et moins blanche qu'elle ne l'est en effet.

CHAPITRE LXXXIII. Des reflets doubles et triples.

Les reflets doubles ont plus de force que les reflets simples, et les lumières qui se trouvent entre les lumières incidentes et ces reflets, sont fort peu obscures. On appelle reflet simple, celui qui n'est formé que d'un seul corps éclairé, et reflet double, celui qui reçoit la lumière de deux corps : on peut juger par-là de ce que c'est qu'un reflet triple. Venons à la preuve de la proposition. Soit le corps lumineux A, les reflets directs A N A S, les parties éclairées N et S, les parties de ces mêmes corps qui sont éclairées par les reflets O et E, le reflet A N E soit le reflet simple, et A N O A S O le reflet double. Le reflet simple E est formé par le corps éclairé B D, et le reflet double O reçoit de la lumière des corps éclairé B D et D R, d'où il arrive que son ombre est fort peu obscure, parce qu'elle se trouvé entre la lumière d'incidence N et celle du reflet N O S O.

CHAPITRE LXXXIV. *Que la couleur d'un reflet n'est pas simple, mais mêlée de deux ou de plusieurs couleurs.*

Un corps qui renvoie la lumière sur un autre corps ne lui communique pas sa couleur telle qu'il l'a lui-même ; mais il se fait un mélange de plusieurs couleurs, s'il y en a plusieurs qui soient portés par des reflets, dans un même endroit. Par exemple, soit la couleur jaune A qui soit réfléchie sur la partie O du corps sphérique C O E ; que la couleur bleue B ait son reflet sur la même partie O. Par le mélange de ces deux couleurs dans le point O, il se fera un reflet de couleur verte si le fond est blanc, parce que l'expérience fait voir que les couleurs jaunes et bleues, mêlées ensemble, font un très-beau verd.

CHAPITRE LXXXV. *Que les reflets sont rarement de la couleur du corps d'où ils partent, ou de la couleur du corps où ils sont portés.*

Il arrive très-rarement que les reflets soient ou de la couleur du corps d'où ils partent, ou de la couleur du corps sur lequel ils tombent, parce que ces deux couleurs se mêlent ensemble, et en forment une troisième. Par exemple, soit le corps sphérique D F G E de couleur jaune, que l'objet B C qui lui envoie un reflet dans le point H soit de couleur bleue, le point H où tombe ce reflet prendra une teinte verte, lorsqu'il sera éclairé de la lumière du soleil qui est répandue dans l'air.

CHAPITRE LXXXVI. En quel endroit un reflet est plus éclatant et plus sensible.

Entre les reflets qui ont la même figure, la même étendue et la même force, la partie qui paroîtra plus ou moins obscure sera celle qui viendra se terminer sur un champ plus ou moins obscur.

Les superficies des corps participent davantage à la couleur des objets qui réfléchissent sur elle leur figure sous des angles plus égaux.

Des couleurs que les objets réfléchissent sur les superficies des corps opposés entre des angles égaux, celle-là doit être la plus vivement empreinte dont le reflet viendra de plus près.

Entre les couleurs des divers objets qui envoient leurs reflets par les mêmes angles, et d'une distance égale sur la surface des corps opposés, celle-là se réfléchira avec plus de force dont la teinte sera plus claire.

L'objet qui réfléchira plus vivement sa propre couleur sur l'objet qui lui est opposé, sera celui qui n'aura autour de lui aucune teinte que de son espèce. Et le plus confus de tous les reflets est celui qui est produit par un plus grand nombre d'objets de différentes couleurs.

La couleur qui sera plus près d'un reflet lui communiquera sa teinte avec plus de force, que les autres couleurs qui en sont plus éloignées.

Enfin un Peintre doit donner aux reflets des figures, la couleur des parties des draperies qui sont plus près des carnations sur lesquelles ces reflets sont portés ; mais il ne faut pas que ces couleurs réfléchies soient trop vives ni trop marquées, s'il n'y a quelque raison particulière qui oblige d'en user autrement.

CHAPITRE LXXXVII. Des couleurs réfléchies.

Toutes les couleurs réfléchies sont moins vives et ont moins de force que celles qui reçoivent la lumière directement ; et cette lumière directe ou incidente a la même proportion avec la lumière réfléchie, que les objets lumineux qui en sont les causes ont entre eux en force et en clarté.

CHAPITRE LXXXVIII. *Des termes des reflets ou de la projection des lumières réfléchies.*

Un reflet qui part d'un corps plus obscur que n'est celui sur lequel il est reçu, sera foible et presque insensible ; et au contraire un reflet sera fort sensible, quand le champ sur lequel il est reçu sera plus obscur que le terme d'où part ce reflet ; enfin, il sera plus sensible à proportion que le champ sera plus obscur, ou plus obscur à proportion que le champ sera plus clair.

CHAPITRE LXXXIX. De la position des figures.

Autant que le côté gauche de la figure D A diminue à cause de la position de la figure, autant le côté opposé B C qui est le côté droit, augmente et s'alonge, c'est-à-dire, qu'à mesure que la partie de la figure qui est depuis l'épaule gauche D jusqu'à la ceinture A du même côté, la partie opposée du côté droit, depuis B jusqu'à C augmente ; mais le nombril, ou le milieu du corps demeure toujours à la même hauteur. Cette diminution des parties du côté gauche de la figure, vient de ce qu'elle porte sur le pied gauche, qui devient par cette position le centre de tout le corps. Ainsi le point du milieu qui est sous la gorge entre les deux clavicules, quitte la ligne perpendiculaire du corps quand il est droit, pour en former une autre qui passe par la jambe gauche, et qui va finir au pied du même côté. Et plus cette ligne s'éloigne du milieu du corps, plus aussi les lignes horizontales qui la traversent, perdent leurs angles droits en penchant du côté gauche, qui soutient le corps.

CHAPITRE XC. Comment on peut apprendre à bien agroupper les figures dans un tableau d'histoire.

Quand vous saurez bien la perspective et l'anatomie, et que vous connoîtrez suffisamment la forme de chaque corps, appliquez-vous à considérer, dans toutes les occasions, l'attitude et les gestes des hommes dans toutes leurs actions. Par exemple, lorsque vous allez à la promenade, et que votre esprit est plus libre, remarquez les mouvemens de ceux que vous voyez, soit qu'ils s'entretiennent familièrement, soit qu'ils contestent ensemble et se querellent, ou qu'ils en viennent aux mains. Observez ce que font ceux qui sont autour d'eux et qui tâchent de les séparer, ou qui s'amusent à les regarder, et dessinez sur le champ ce que vous aurez remarqué. Il faut, pour cela, avoir toujours avec vous un porte-feuille ou des tablettes, dont les feuillets soient tellement attachés, qu'on les puisse ôter sans les déchirer ; car ces recueils d'études doivent être conservés avec grand soin pour servir dans l'occasion, la mémoire ne pouvant pas conserver les images d'une infinité de choses qui servent d'objet à la Peinture.

CHAPITRE XCI. Quelle proportion il faut donner à la hauteur de la première figure d'un tableau d'histoire.

La hauteur de la première figure de votre tableau doit être moindre que le naturel, à proportion de l'enfoncement que vous lui donnez au-delà de la première ligne du plan du tableau, et les autres diminueront aussi à proportion, suivant la même dégradation ou l'éloignement du plan où elles sont.

CHAPITRE XCII. *Du relief des figures qui entrent dans la composition d'une histoire.*

Des figures qui composent une histoire, celle qui sera représentée plus près de l'œil doit avoir un plus grand relief ; en voici la raison. Cette couleur-là doit paroître plus marquée et plus parfaite dans son espèce, qui a moins d'air entre elle et l'œil qui la considère ; c'est à cause de cela même que les ombres qui font paroître les corps opaques plus relevés, paroissent plus fortes et plus obscures de près que de loin, parce que la quantité d'air qui est entre elles et l'œil les brouille et les confond avec les couleurs des objets ; ce qui n'arrive pas aux ombres voisines de l'œil, où elles donnent à chaque corps du relief à proportion qu'elles sont obscures.

CHAPITRE XCIII. Du raccourcissement des figures d'un tableau.

Lorsqu'un Peintre n'a qu'une seule figure à faire dans son tableau, il doit éviter tous les raccourcissemens, tant des membres particuliers que de tout le corps, parce qu'il seroit obligé de répondre à tous momens aux questions de ceux qui n'ont pas l'intelligence de son art ; mais aux grandes compositions où il entre plusieurs figures, il peut en faire avec liberté de toutes sortes, selon le sujet qu'il traite, et sur-tout dans les batailles, où il se rencontre par nécessité un nombre infini de contorsions et de mouvemens de figures qui se battent, et qui sont mêlées confusément ensemble dans les fracas et l'agitation furieuse d'une bataille.

CHAPITRE XCIV. De la diversité des figures dans une histoire.

Dans les grandes compositions d'histoire, ou doit voir des figures de plusieurs sortes, soit pour la complexion, soit pour la taille, soit pour les carnations, soit pour les attitudes. Qu'il y ait des figures grasses et pleines d'embonpoint ; qu'il y en ait d'autres qui soient maigres et sveltes ; qu'il y en ait de grandes et de courtes, de fortes, de robustes et de foibles, de gaies, de tristes et de mélancoliques ; que quelques-unes aient des cheveux crépus, que d'autres les aient plus mols et plus unis ; qu'aux uns le poil soit long, et aux autres court ; que les mouvemens prompts et vifs de quelques figures contrastent avec les mouvemens doux et lents de quelques autres ; enfin il faut qu'il y ait de la variété dans la forme, dans la couleur, dans les plis des draperies, et généralement dans tout ce qui peut entrer dans la composition d'une histoire.

CHAPITRE XCV. Comment il faut étudier les mouvemens du corps humain.

Avant que de s'appliquer à l'étude de l'expression des mouvemens de l'homme, il faut avoir une connoissance générale de tous les membres du corps et de ses jointures en toutes les positions où ils peuvent être, puis esquisser légèrement dans l'occasion l'action des personnes, sans qu'ils sachent que vous les considérez ; parce que s'ils s'en appercevoient, ils perdroient la force et le caractère naturel de l'expression avec laquelle ils se portoient à l'action : comme lorsque deux hommes colères et emportés contestent ensemble, chacun prétendant avoir raison, on les voit remuer avec furie les sourcils, faire des gestes des bras, et de grands mouvemens de toutes les parties du corps, selon l'intention qu'ils ont, et l'impression de la passion qui les agite ; ce qu'il seroit impossible de représenter par un modèle auquel on voudroit faire exprimer les effets d'une véritable colère ou de quelqu'autre passion, comme de douleur, d'admiration, de crainte, de joie et de quelqu'autre passion que ce soit. Vous aurez soin de porter toujours sur vous vos tablettes, afin d'y esquisser légèrement ces expressions, et en même temps aussi, prenez garde à ce que font ceux qui se trouvent présens dans ces occasions, et qui sont spectateurs de ce qui s'y passe, et par ce moyen vous apprendrez à composer les histoires. Et quand vos tablettes seront toutes remplies de ces sortes de dessins, conservez-les bien et les gardez, pour vous en servir dans l'occasion. Un bon Peintre doit soigneusement observer deux choses, qui sont de grande importance dans sa profession ; l'une est le juste contour de sa figure, et l'autre l'expression vive de ce qu'il lui faut représenter.

CHAPITRE XCVI. *De quelle sorte il faut étudier la composition des histoires, et y travailler.*

La première étude des compositions d'histoires doit commencer par mettre ensemble quelques figures légèrement esquissées ; mais il faut auparavant les savoir bien dessiner de tous les côtés, avec les raccourcissemens et les extensions de chaque membre ; après on entreprendra de faire un groupe de deux figures qui combattent ensemble avec une hardiesse égale, et il faudra dessiner ces deux figures en différentes manières et en différentes attitudes ; ensuite, on pourra représenter un autre combat d'un homme généreux avec un homme lâche et timide. En toutes ces compositions, il faut s'étudier soigneusement à la recherche des accidens et des passions qui peuvent donner de l'expression, et enrichir le sujet qu'on traite.

CHAPITRE XCVII. De la variété nécessaire dans les histoires.

Dans les compositions d'histoires, un Peintre doit s'étudier à faire paroître son génie par l'abondance et la variété de ses inventions, et fuir la répétition d'une même chose qu'il ait déjà faite, afin que la nouveauté et l'abondance attirent et donnent du plaisir à ceux qui considèrent son ouvrage. J'estime donc que dans une histoire il est nécessaire quelquefois, selon le sujet, d'y mêler des hommes, différens dans l'air, dans l'âge, dans les habits, agroupés ensemble pêle-mêle avec des femmes et des enfans, des chiens, des chevaux, des bâtimens, des campagnes et des collines, et qu'on puisse remarquer la qualité et la bonne grâce d'un Prince ou d'une personne de qualité, et la distinguer d'avec le peuple. Il ne faudra pas aussi mêler dans un même groupe ceux qui sont tristes et mélancoliques avec ceux qui sont gais et qui rient volontiers, parce que les humeurs enjouées cherchent toujours ceux qui aiment à rire, comme les autres cherchent aussi leurs semblables.

CHAPITRE XCVIII. Qu'il faut, dans les histoires, éviter la ressemblance des visages, et diversifier les airs de tête.

C'est un défaut ordinaire aux Peintres Italiens, de mettre dans leurs tableaux des figures entières d'empereurs, imitées de plusieurs statues antiques, ou du moins de donner à leurs figures les airs de tête qu'on remarque dans les antiques. Pour éviter ce défaut, ne répétez jamais une même chose, et ne donnez point le même air de tête à deux figures dans un tableau, et en général, plus vous aurez soin de varier votre dessin, en plaçant ce qui est laid auprès de ce qui est beau, un vieillard auprès d'un jeune homme, un homme fort et robuste auprès d'un autre qui est foible, plus votre tableau sera agréable. Mais il arrive souvent qu'un Peintre qui aura dessiné quelque chose en fait servir jusqu'au moindre trait ; en quoi il se trompe, car la plupart du temps, les membres de l'animal qu'il a dessiné font des mouvemens peu conformes au sujet et à l'action qu'il représente dans un tableau : ainsi, après avoir contourné quelque partie avec beaucoup de justesse, et l'avoir fini avec plaisir, il a le chagrin de se voir contraint de l'effacer pour en mettre un autre à la place.

CHAPITRE XCIX. Comment il faut assortir les couleurs pour qu'elles se donnent de la grâce les unes aux autres.

Si vous voulez que le voisinage d'une couleur donne de la grâce à une autre couleur, imitez la nature, et faites avec le pinceau ce que les rayons du soleil font sur une nuée lorsqu'ils y forment l'arc-en-ciel ; les couleurs s'unissent ensemble doucement, et ne sont point tranchées d'une manière dure et sèche ; c'est de cette sorte qu'il faut unir et assortir les couleurs dans un tableau.

Prenez garde aussi aux choses suivantes qui regardent les couleurs. 1°. Si vous voulez représenter une grande obscurité, opposez-lui un grand blanc, de même que pour relever le blanc et lui donner plus d'éclat, il faut lui opposer une grande obscurité. 2°. Le rouge aura une couleur plus vive auprès du jaune pâle qu'auprès du violet. 3°. Il faut bien distinguer, entre les couleurs, celles qui rendent les autres plus vives et plus éclatantes, de celles qui leur donnent seulement de la grâce, comme le verd en donne au rouge, tandis qu'il en ôte au bleu. 4°. Il y a des couleurs qu'on peut fort bien assortir, parce que leur union les rend plus agréables ; comme le jaune pâle, ou le blanc et l'azur, et d'autres encore dont nous parlerons ailleurs.

CHAPITRE C. Comment on peut rendre les couleurs vives et belles.

Il faut toujours préparer un fond très-blanc aux couleurs que vous voulez faire paroître belles, pourvu qu'elles soient transparentes ; car, aux autres qui ne le sont pas, un champ clair ne sert de rien ; comme l'expérience le montre dans les verres colorés, dont les couleurs paroissent extrêmement belles, lorsqu'elles se trouvent entre l'œil et la lumière, et qui n'ont nulle beauté, lorsqu'elles ont derrière elles un air épais et obscur, ou un corps opaque.

CHAPITRE CI. De la couleur que doivent avoir les ombres des couleurs.

La teinte de l'ombre de quelque couleur que ce soit, participe toujours à la couleur de son objet, et cela plus ou moins, selon, qu'il est ou plus proche ou plus éloigné de l'ombre, et à proportion aussi de ce qu'il a ou plus ou moins de lumière.

CHAPITRE CII. De la variété qui se remarque dans les couleurs, selon qu'elles sont plus éloignées ou plus proches.

Des choses dont la couleur est plus obscure que l'air, celle qui sera plus éloignée paroîtra moins obscure ; et, au contraire, de celles qui sont plus claires que l'air, celle qui sera plus éloignée paroîtra moins claire et moins blanche ; et, en général, toutes les choses qui sont ou plus claires ou plus obscures que l'air, étant vues dans un grand éloignement, changent, pour ainsi dire, la nature et la qualité de leur couleur ; de sorte que la plus claire paroît plus obscure, et la plus obscure devient plus claire par l'éloignement.

CHAPITRE CIII. À quelle distance de la vue les couleurs des choses se perdent entièrement.

Les couleurs des choses se perdent entièrement dans une distance plus ou moins grande, selon que l'œil et l'objet sont plus ou moins élevés de terre : voici la preuve de cette proposition. L'air est plus ou moins épais, selon qu'il est plus proche ou plus éloigné de la terre : il s'ensuit de là que si l'œil et l'objet sont près de la terre, l'épaisseur et la grossièreté de l'air qui est entre l'œil et l'objet, sera très-grande, et elle obscurcira beaucoup la couleur de l'objet ; mais si l'œil et l'objet sont fort éloignés de la terre, l'air qui est entre deux ne changera presque rien à la couleur de l'objet : enfin la variété et la dégradation des couleurs d'un objet, dépend non seulement de la lumière qui n'est pas toujours la même aux différentes heures du jour, mais aussi de la grossièreté et de la subtilité de l'air, au travers duquel les couleurs des objets sont portées à l'œil.

CHAPITRE CIV. De la couleur de l'ombre du blanc.

L'OMBRE du blanc éclairé par le soleil et par l'air, a sa teinte tirant sur le bleu, et cela vient de ce que le blanc de soi n'est pas proprement une couleur, mais le sujet des autres couleurs ; et parce que la superficie de chaque corps participe à la couleur de son objet, il est nécessaire que cette partie de la superficie blanche participe à la couleur de l'air qui est son objet.

CHAPITRE CV. Quelle couleur produit l'ombre la plus obscure et la plus noire.

L'OMBRE qui tire davantage sur le noir, est celle qui se répand sur une superficie plus blanche, et cette ombre aura une plus grande disposition à la variété qu'aucune autre ; cela vient de ce que le blanc n'est pas proprement une couleur, mais une disposition à recevoir toutes les couleurs indifféremment, et les superficies blanches reçoivent bien mieux les couleurs des autres objets, et elles les rendent bien plus vives que ne feroit une superficie d'une autre couleur, sur-tout si cette couleur est le noir, ou quelque couleur obscure, dont le blanc est plus éloigné par sa nature ; c'est pourquoi il paroît extraordinairement, et il y a une différence très-sensible de ses ombres principales à ses lumières.

CHAPITRE CVI. De la couleur qui ne reçoit point de variété, (c'est-à dire, qui paroît toujours de même force sans altération), quoique placée en un air plus ou moins épais, ou en diverses distances.

Il se peut faire quelquefois que la même couleur ne recevra aucun changement, quoiqu'elle soit vue en différentes distances ; et ceci arrivera quand la qualité de l'air et les distances d'où les couleurs seront vues, auront une même proportion. En voici la preuve. A, soit l'œil, et H, telle couleur que l'on voudra, éloignée de l'œil à un degré de distance en un air épais de quatre degrés ; mais parce que le second degré de dessus A M N L est une fois plus subtil, et qu'il a la même couleur que le degré d'air qui est au-dessous, il faut nécessairement que cette couleur soit deux fois plus loin de l'œil qu'elle ne l'étoit auparavant ; c'est-à-dire, aux deux degrés de distance A F et F G plus loin de l'œil, et elle sera la couleur G, laquelle étant élevée ensuite au degré d'air qui est deux fois plus subtil à la seconde hauteur A M N L, qui sera dans le degré O M P N, il est nécessaire de la transporter à la hauteur E,

184

et elle sera distante de l'œil de toute l'étendue de la ligne A E, que l'on prouve être équivalente en grosseur d'air à la distance A G, ce qui se démontre ainsi. Si dans une même qualité d'air la distance A G interposée entre l'œil et la couleur en occupe deux degrés, et que A E en occupe deux et demi, cette distance suffit pour faire que la couleur G, portée à la hauteur E, ne reçoive point d'altération ; parce que les deux degrés A C et A F étant dans la même qualité d'air, sont semblables et égaux, et le degré d'air C D, quoique égal en longueur au degré F G, ne lui est pas semblable en qualité, parce qu'il se trouve dans un air deux fois plus épais que l'air de dessus ; ainsi, la couleur est aussi vive à un degré d'éloignement dans l'air supérieur, qu'elle l'est à un demi-degré d'éloignement dans l'air inférieur, parce que l'air supérieur est une fois plus subtil que celui de dessous : tellement qu'en calculant premièrement la grosseur de l'air, puis les distances, vous trouverez les couleurs changées de place, sans qu'elles aient reçu d'altération, ni dans leur force, ni dans leur éclat, ni dans la beauté de leur teinte, et voici comment. Pour le calcul de la qualité ou de la grossièreté de l'air, la couleur H est placée dans un air qui a quatre degrés de grossièreté ; la couleur G est dans un air qui en a deux, et la couleur E est dans un air qui n'en a qu'un. Voyons maintenant si les distances auront une proportion également réciproque, mais converse ; la couleur E se rencontre éloignée de l'œil de deux degrés et demi de l'œil, la couleur G est à deux degrés, et la couleur H à un degré ; mais comme cette distance n'a pas une proportion exacte avec l'épaisseur de l'air, il faut nécessairement faire un troisième calcul, à-peu-près de cette manière ; le degré A C, comme je l'ai supposé, est tout-à-fait semblable, et égal au degré A F, et le demi-degré C B est semblable, mais non pas égal au degré A F, parce que c'est seulement un demi-degré en longueur, lequel vaut autant qu'un degré entier de la qualité de l'air de dessus, si bien que par le calcul on satisfait à ce qui avoit été proposé ; car A C vaut deux degrés d'épaisseur de l'air de dessus, et le demi-degré C B en vaut un entier de ce même air de dessus, et un qui se trouve encore entre B E, lequel est le quatrième. De même A H a quatre degrés d'épaisseur d'air ; A G en a aussi quatre, c'est-à-dire, A F qui en vaut deux, et F G qui en vaut encore deux, lesquels pris ensemble font quatre ; A E en a aussi quatre, parce que A C en contient deux, et C B en contient un, qui est la moitié de A C, et dans le même air ; et il y en a dessus un tout entier dans l'air subtil, lesquels ensemble font quatre : de sorte que si la distance A E ne se trouve pas double de la distance A G, ni quadruple de la distance A H, elle est rendue équivalente d'ailleurs par C B, demi-degré d'air épais, qui vaut un degré entier de l'air subtil qui est au-dessus ; et ainsi nous concluons ce qui étoit proposé, c'est-à-dire, que la couleur H G E ne reçoit aucune altération dans ces différentes distances.

CHAPITRE CVII. De la perspective des couleurs.

La même couleur étant posée en plusieurs distances et à des hauteurs inégales, la sensation ou la force de son coloris sera relative à la proportion de la distance qu'il y a de chacune des couleurs jusqu'à l'œil qui les voit ; en voici la preuve. Soit E B C D la même couleur divisée en autant de parties égales, dont la première E ne soit éloignée de l'œil que de deux degrés. La seconde B en soit distante de quatre degrés ; la troisième C soit à six degrés, et la quatrième D soit à huit degrés ; comme il paroît par les cercles qui vont se couper et terminer sur la ligne A R. Ensuite, soit supposé que l'espace A R S P soit un degré d'air subtil, et S P E T soit un autre degré d'air plus épais ; il s'ensuivra que la première couleur E, pour venir à l'œil, passera par un degré d'air épais E S, et par un autre degré d'air moins épais S A, et la couleur B enverra son espèce ou son image à l'œil A, par deux degrés d'air épais, et par deux autres d'un air plus subtil, et la couleur C la portera par trois degrés d'air épais, et par trois de plus subtil, et la couleur D par quatre degrés de l'air épais, et par quatre d'un air plus subtil. Ainsi, il est assez prouvé par cet exemple, que la proportion de l'affoiblissement et de la dégradation des couleurs est telle que celle de leur distance de l'œil qui les voit ; mais cela n'arrive qu'aux couleurs qui sont à notre hauteur, parce qu'à celles dont les hauteurs sont inégales, la même règle ne s'y garde pas, étant situées dans les portions d'air, dont la diverse épaisseur les altère et les affoiblit diversement.

CHAPITRE CVIII. *Comment il se pourra faire qu'une couleur ne reçoive aucune altération, étant placée en divers lieux où l'air sera différent.*

Une couleur ne changera point, quoique transportée en divers lieux où l'air a différentes qualités, quand la distance et la qualité de l'air seront réciproquement proportionnées, c'est-à-dire, quand autant que l'une s'affoiblit par l'éloignement de l'œil, elle est fortifiée par la pureté et la subtilité de l'air : en voici la preuve. Si on suppose que le premier air ou le plus bas, ait quatre degrés de densité ou d'épaisseur, et que la couleur soit éloignée d'un degré de l'œil, et que le second air, qui est plus haut, ait trois degrés de densité seulement, en ayant perdu un degré, redonnez à la couleur un degré sur la distance, et quand l'air qui est plus haut aura perdu deux degrés de sa densité, et que la couleur aura gagné deux degrés sur la distance, alors votre première couleur sera telle que la troisième ; et pour le dire en un mot, si la couleur est portée si haut que l'air y soit épuré de trois degrés de sa densité ou de sa grossièreté, et que la couleur soit portée à trois degrés de distance ; alors vous pouvez vous assurer que la couleur qui est élevée aura reçu un pareil affoiblissement de teinte que celle d'en bas, qui est plus près, parce que si l'air d'en haut a perdu deux quarts de la densité de l'air qui est au bas, la couleur en s'élevant, a acquis trois quarts sur la distance de l'éloignement entier, par lequel elle se trouve reculée de l'œil, et c'est ce que j'avois dessein de prouver.

CHAPITRE CIX. Si les couleurs différentes peuvent perdre également leurs teintes, quand elles sont dans l'obscurité ou dans l'ombre.

Il n'est pas impossible que les couleurs, telles qu'elles soient, perdent également leurs teintes différentes quand elles sont dans l'ombre, et qu'elles aient toutes une couleur obscure d'ombre ; c'est ce qui arrive dans les ténèbres d'une nuit fort obscure, durant laquelle on ne peut distinguer ni la figure ni la couleur de quelque corps que ce soit ; et parce que les ténèbres ne sont rien qu'une simple privation de la lumière incidente et réfléchie, par le moyen de laquelle on distingue la figure et la couleur des corps, il faut nécessairement que la cause de la lumière étant ôtée, l'effet aussi vienne à cesser, qui est le discernement de la couleur et de la figure des corps.

CHAPITRE CX. Pourquoi on ne peut distinguer la couleur et la figure des corps qui sont dans un lieu qui paroît n'être point éclairé, quoiqu'il le soit.

Il y a plusieurs endroits éclairés qui paroissent cependant remplis de ténèbres, et où les choses qui s'y rencontrent demeurent privées entièrement et de couleur et de forme : la cause de cet effet se doit rapporter à la lumière de l'air venant d'un grand jour, laquelle fait comme un obstacle entre l'œil et son objet ; ce qui se remarque sensiblement aux fenêtres qui sont loin de l'œil, au-dedans desquelles on ne peut rien discerner qu'une grande obscurité égale et uniforme ; mais si vous entrez dans ces lieux, vous les verrez fort éclairés, et vous pourrez distinguer jusques aux moindres choses qu'ils contiennent. Ces deux impressions si différentes se font par la disposition naturelle de l'œil, dont la foiblesse ne pouvant supporter le trop grand éclat de la lumière de l'air, la prunelle se resserre, devient fort petite, et par-là perd beaucoup de sa force ; mais au contraire, dans les lieux sombres, la même prunelle s'élargit, et acquiert de la force à proportion de son étendue : ce qui fait qu'elle reçoit beaucoup de lumière, et qu'on peut voir des objets qu'on ne pouvoit distinguer auparavant lorsqu'elle étoit resserrée.

CHAPITRE CXI. Qu'aucune chose ne montre sa véritable couleur, si elle n'est éclairée d'une autre couleur semblable.

On ne sauroit jamais voir la propre et vraie couleur d'aucune chose, si la lumière qui l'éclaire n'est entièrement de sa couleur même : cela se remarque sensiblement dans les couleurs des étoffes, dont les plis éclairés jettant des reflets, ou donnant quelque lumière aux autres plis opposés, les font paroître de leur véritable couleur : les feuilles d'or ont le même effet, lorsqu'elles se réfléchissent réciproquement leur jour l'une à l'autre ; mais si leur clarté venoit d'une autre couleur, l'effet en seroit bien différent.

CHAPITRE CXII. Que les couleurs reçoivent quelques changemens par l'opposition du champ sur lequel elles sont.

Jamais aucune couleur ne paroîtra uniforme dans ses contours et ses extrémités, si elle ne se termine sur un champ qui soit de sa couleur même : cela se voit clairement, lorsque le noir se trouve sur un fond blanc ; car pour lors chaque couleur, par l'opposition de son contraire, a plus de force aux extrémités qu'au milieu.

CHAPITRE CXIII. Du changement des couleurs transparentes, couchées sur d'autres couleurs, et du mélange des couleurs.

UNE couleur transparente étant couchée sur une autre d'une teinte différente, il s'en compose une couleur mixte, qui tient de chacune des deux simples qui la composent : cela se remarque dans la fumée, laquelle passant par le conduit d'une cheminée, et se rencontrant vis-à-vis du noir de la suie, elle paroît bleue ; mais au sortir de la cheminée, quand elle s'élève dans l'air qui est de couleur d'azur, elle paroît rousse ou rougeâtre : de même le pourpre appliqué sur l'azur fait une couleur violette, et l'azur étant mêlé avec le jaune devient verd ; et la couleur de safran couchée sur le blanc, paroîtra jaune, et le clair avec l'obscur produit l'azur d'une teinte d'autant plus parfaite, que celles du clair et de l'obscur sont elles-mêmes plus parfaites.

CHAPITRE CXIV. Du degré de teinte où chaque couleur paroît davantage.

Il faut remarquer ici pour la peinture quelle est la teinte de chaque couleur où cette couleur paroît plus belle, ou celle qui prend la plus vive lumière du jour, ou celle qui reçoit la lumière simple, ou celle de la demi-teinte, ou l'ombre, ou bien le reflet sur l'ombre, et pour cela il est nécessaire de savoir en particulier quelle est la couleur dont il s'agit, parce que les couleurs sont bien différentes à cet égard, et elles n'ont pas toutes leur plus grande beauté dans le même jour ; car nous voyons que la perfection du noir est au fort de l'ombre : le blanc au contraire est plus beau dans son plus grand clair et dans une lumière éclatante ; l'azur et le verd aux demi-teintes, le jaune et le rouge dans leur principale lumière ; l'or dans les reflets, et la lacque aux demi-teintes.

CHAPITRE CXV. *Que toute couleur qui n'a point de lustre est plus belle dans ses parties éclairées que dans les ombres.*

TOUTE couleur est plus belle dans ses parties éclairées que dans les ombres ; et la raison est, que la lumière fait connoître l'espèce et la qualité des couleurs, au lieu que l'ombre les éteint, altère leur beauté naturelle, et empêche qu'on ne les discerne ; et si on objecte que le noir est plus parfait dans son ombre que dans sa lumière, on répondra, que le noir n'est pas mis au nombre des couleurs.

CHAPITRE CXVI. De l'apparence des couleurs.

Plus la couleur d'une chose est claire et mieux on la voit de loin, et la couleur la plus obscure a un effet tout contraire.

CHAPITRE CXVII. Quelle partie de la couleur doit être plus belle.

Si a est une lumière et B un corps éclairé directement par cette même lumière, E, qui ne peut voir cette lumière, voit seulement le corps éclairé que nous supposons être rouge : cela étant, la lumière qu'il produit est de cette couleur, le reflet qui en est une partie lui ressemble, et colore de cette teinte la superficie E ; et si E étoit déjà rouge auparavant, il en deviendra beaucoup plus rouge, et sera plus beau que B ; mais si E est jaune, il en naîtra une couleur composée et changeante, entre le jaune et le rouge.

CHAPITRE CXVIII. *Que ce qu'il y a de plus beau dans une couleur, doit être placé dans les lumières.*

Puisque nous voyons que la qualité des couleurs est connue par le moyen de la lumière, on doit juger qu'où il y a plus de lumière, on discerne mieux la véritable couleur du corps éclairé ; et qu'où il y a plus d'obscurité, la couleur se perd dans celle des ombres : c'est pourquoi le Peintre se souviendra de coucher toujours la plus belle teinte de sa couleur sur les parties éclairées.

CHAPITRE CXIX. De la couleur verte qui se fait de rouille de cuivre et qu'on appelle vert-de-gris.

La couleur verte qui se fait de rouille de cuivre, quoiqu'elle soit broyée à l'huile, ne laisse pas de s'en aller en fumée et de perdre sa beauté, si incontinent après avoir été employée, on ne lui donne une couche de vernis ; et non-seulement elle s'évapore et se dissipe en fumée, mais si on la frotte avec une éponge mouillée d'eau simple, elle quittera le fond du tableau, et s'enlèvera comme feroit une couleur à détrempe, sur-tout par un temps humide ; cela vient de ce que le vert-de-gris est une espèce de sel, lequel se résout facilement lorsque le temps est humide et pluvieux, et particulièrement lorsqu'il est mouillé et lavé avec une éponge.

CHAPITRE CXX. Comment on peut augmenter la beauté du vert-de-gris.

Si avec le vert-de-gris on mêle l'aloës caballin, ce vert-de-gris sera beaucoup plus beau qu'il n'étoit auparavant, et il feroit mieux encore avec le safran, s'il ne s'évaporoit point en fumée. La bonté de l'aloës caballin se reconnoît lorsqu'il se dissout dans l'eau-de-vie chaude, parce qu'alors elle a plus de force pour dissoudre que quand elle est froide ; et si après avoir employé cevert-de-gris en quelque ouvrage, on passe dessus légèrement une couche de cet aloës liquéfié, alors la couleur deviendra très-belle ; et cet aloës se peut encore broyer à l'huile séparément, ou avec le vert-de-gris, et avec toute autre couleur qu'on voudra.

CHAPITRE CXXI. Du mélange des couleurs l'une avec l'autre.

Bien que le mélange des couleurs l'une avec l'autre soit d'une étendue presque infinie, je ne laisserai pas pour cela d'en toucher ici légèrement quelque chose. Établissant premièrement un certain nombre de couleurs simples pour servir de fondement, et avec chacune d'elles, mêlant chacune des autres une à une, puis deux à deux, et trois à trois, poursuivant ainsi jusques au mélange entier de toutes les couleurs ensemble ; puis je recommencerai à remêler ces couleurs deux avec deux, et trois avec trois, et puis quatre à quatre, continuant ainsi jusqu'à la fin ; sur ces deux couleurs on en mettra trois, et à ces trois on y en ajoutera trois, et puis six, allant toujours augmentant avec la même proportion : or, j'appelle couleurs simples celles qui ne sont point composées, et ne peuvent être faites ni suppléées par aucun mélange des autres couleurs. Le noir et le blanc ne sont point comptés entre les couleurs, l'un représentant les ténèbres, et l'autre le jour ; c'est-à-dire, l'un étant une simple privation de lumière, et l'autre la lumière même, ou primitive ou dérivée. Je ne laisserai pas cependant d'en parler, parce que dans la peinture il n'y a rien de plus nécessaire et qui soit plus d'usage, toute la peinture n'étant qu'un effet et une composition des ombres et des lumières, c'est-à-dire, de clair et d'obscur. Après le noir et le blanc vient l'azur, puis le verd, et le tanné, ou l'ocre de terre d'ombre, après le pourpre ou le rouge, qui font en tout huit couleurs : comme il n'y en a pas davantage dans la nature, je vais parler de leur mélange. Soient premièrement mêlés ensemble le noir et le blanc, puis le noir et le jaune, et le noir et le rouge, ensuite le jaune et le noir, et le jaune et le rouge ; mais parce qu'ici le papier me manque, je parlerai fort au long de ce mélange dans un ouvrage particulier, qui sera très-utile aux Peintres. Je placerai ce traité entre la pratique et la théorie.

CHAPITRE CXXII. De la surface des corps qui ne sont pas lumineux.

La superficie de tout corps opaque participe à la couleur du corps qui l'éclaire ; cela se démontre évidemment par l'exemple des corps qui ne sont pas lumineux en ce que pas un ne laisse voir sa figure, ni sa couleur, si le milieu qui se trouve entre le corps et la lumière n'est éclairé : nous dirons donc que le corps opaque étant jaune, et celui d'où vient la lumière étant bleu, il arrivera que la couleur du corps éclairé sera verte, parce que le vert est composé de jaune et de bleu.

CHAPITRE CXXIII. Quelle est la superficie plus propre à recevoir les couleurs.

Le blanc est plus propre à recevoir quelque couleur que ce soit, qu'aucune autre superficie de tous les corps qui ne sont point transparens ; pour prouver ceci, on dit que tout corps vuide est capable de recevoir ce qu'un autre corps qui n'est point vuide ne peut recevoir ; et pour cela, nous supposerons que le blanc est vuide, ou, si vous voulez, n'a aucune couleur ; tellement qu'étant éclairé de la lumière d'un corps qui ait quelque couleur que ce soit, il participe davantage à cette lumière, que ne feroit le noir, qui ressemble à un vaisseau brisé, lequel n'est plus en état de contenir aucune chose.

CHAPITRE CXXIV. *Quelle partie d'un corps participe davantage à la couleur de son objet, c'est-à-dire, du corps qui l'éclaire.*

La superficie de chaque corps tiendra davantage de la couleur de l'objet qui sera plus près ; cela vient de ce que l'objet voisin envoie une quantité plus grande d'espèces, lesquelles venant à la superficie des corps qui sont près, en altèrent plus la superficie et en changent davantage la couleur, qu'elles ne le feroient si ces corps étoient plus éloignés : ainsi, la couleur paroîtra plus parfaite dans son espèce, et plus vive, que si elle venoit d'un corps plus éloigné.

CHAPITRE CXXV. En quel endroit la superficie des corps paroîtra d'une plus belle couleur.

La superficie d'un corps opaque paroîtra d'une couleur d'autant plus parfaite, qu'elle sera plus près d'un autre corps de même couleur.

CHAPITRE CXXVI. De la carnation des têtes.

La couleur des corps qui se trouvera être en plus grande quantité se conserve davantage dans une grande distance : en effet, dans une distance assez médiocre, le visage devient obscur, et cela d'autant plus, que la plus grande partie du visage est occupée par les ombres, et qu'il y a fort peu de lumière en comparaison des ombres ; c'est pourquoi elle disparoît incontinent, même dans une petite distance, et les clairs, ou les jours éclatans y sont en très-petite quantité ; de-là vient que les parties plus obscures dominant par-dessus les autres, le visage s'efface aussi-tôt et devient obscur ; et il paroîtra encore d'autant plus sombre, qu'il y aura plus de blanc qui lui sera opposé devant ou derrière.

CHAPITRE CXXVII. Manière de dessiner d'après la bosse, et d'apprêter du papier propre pour cela.

Les Peintres, pour dessiner d'après le relief, doivent donner une demi-teinte à leur papier, et ensuite, suivant leur contour, placer les ombres les plus obscures et sur la fin, et pour la dernière main toucher les jours principaux, mais avec ménagement et avec discrétion, et ces dernières touches sont celles qui disparoissent et qui se perdent les premières dans les distances médiocres.

CHAPITRE CXXVIII. *Des changemens qui se remarquent dans une couleur, selon qu'elle est ou plus ou moins éloignée de l'œil.*

Entre les couleurs de même nature, celle qui est moins éloignée de l'œil reçoit moins de changemens ; la preuve de ceci est que l'air qui se trouve entre l'œil et la chose que l'on voit, l'altère toujours en quelque manière ; et s'il arrive qu'il y ait de l'air en quantité, pour lors la couleur de l'air fort vive fait une forte impression sur la chose vue ; mais quand il n'y a que peu d'air, l'objet en est peu altéré.

CHAPITRE CXXIX. De la verdure qui paroît à la campagne.

Entre les verdures que l'on voit à la campagne de même qualité et de même espèce, celle des plantes et des arbres doit paroître plus obscure, et celle des prés plus claire.

CHAPITRE CXXX. Quelle verdure tirera plus sur le bleu.

Les verdures dont la couleur sera plus obscure, approcheront plus du bleu que les autres qui sont plus claires : cela se prouve, parce que le bleu est composé de clair et d'obscur, vus dans un grand éloignement.

CHAPITRE CXXXI. Quelle est celle de toutes les superficies qui montre moins sa véritable couleur.

De toutes les superficies, il n'y en a point dont la véritable couleur soit plus difficile à discerner que celles qui sont polies et luisantes ; cela se remarque aux herbes des prés et aux feuilles des arbres, dont la superficie est lustrée et polie ; car elles prennent le reflet de la couleur où le soleil bat, ou bien de l'air qui les éclaire ; de sorte que la partie qui est frappée de ces reflets, ne montre point sa couleur naturelle.

CHAPITRE CXXXII. Quel corps laisse mieux voir sa couleur véritable et naturelle.

De tous les corps, ceux-là montrent mieux leur couleur naturelle, qui ont la superficie moins unie et moins polie : cela se voit dans les draps, les toiles, les feuilles des arbres et des herbes qui sont velues, sur lesquelles il ne se peut faire aucun éclat de lumière ; tellement que, ne pouvant recevoir l'image des objets voisins, elles renvoient seulement à l'œil leur couleur naturelle, laquelle n'est point mêlée ni confondue parmi celles d'aucun autre corps qui leur envoie des reflets d'une couleur opposée, comme ceux du rouge du soleil, lorsqu'en se couchant il peint les nuages, et tout l'horizon de sa couleur.

CHAPITRE CXXXIII. De la lumière des paysages.

JAMAIS les couleurs, la vivacité et la lumière des paysages peints, n'approcheront de celles des paysages naturels qui sont éclairés par le soleil, si les tableaux mêmes des paysages peints ne sont aussi éclairés et exposés au même soleil.

CHAPITRE CXXXIV. De la perspective aérienne, et de la diminution des couleurs causée par une grande distance.

Plus l'air approche de la terre et de l'horizon, moins il paroît bleu, et plus il en est éloigné, plus il paroît d'un bleu obscur et foncé : j'en ai donné la raison dans mon Traité de la Perspective, où j'ai fait voir qu'un corps pur et subtil est moins éclairé du soleil, et renvoie moins de lumière, qu'un corps plus grossier et plus épais. Or il est constant que l'air qui est éloigné de la terre est plus subtil que celui qui en est près, et par conséquent l'air qui est près de la terre est plus vivement éclairé des rayons du soleil qui le pénètrent, et qui éclairant en même temps une infinité d'autres petits corps dont il est rempli, le rendent sensible à nos yeux. De sorte que l'air nous doit paroître plus blanc, en regardant vers l'horizon, et plus obscur et plus bleu, en regardant en haut vers le ciel, parce qu'il y a plus d'air grossier entre notre œil et l'horizon, qu'il n'y en a entre notre œil et la partie du ciel qui est au-dessus de nos têtes. Par exemple, si l'œil de celui qui regarde est en

P, et qu'il regarde par la ligne P R, puis baissant un peu l'œil, qu'il regarde par la ligne P S, alors l'air lui paroîtra un peu moins obscur et plus blanc, parce qu'il y a un peu plus d'air grossier dans cette ligne que dans la première ; enfin s'il regarde directement l'horizon, il ne verra point cette couleur d'azur qu'il voyoit par la première ligne P R, parce qu'il y a une bien plus grande quantité d'air grossier dans la ligne horizontale P D, que dans la ligne oblique P S, et dans la ligue perpendiculaire P R.

CHAPITRE CXXXV. *Des objets qui paroissent à la campagne dans l'eau comme dans un miroir, et premièrement de l'air.*

Le seul air qu'on pourra voir peint sur la superficie de l'eau, sera celui dont l'image allant frapper la superficie de l'eau, se réfléchira vers l'œil à angles égaux, c'est-à-dire, tels que l'angle d'incidence soit égal à l'angle de réflexion.

CHAPITRE CXXXVI. De la diminution des couleurs, causée par quelque corps qui est entre elles et l'œil.

La couleur natutelle d'un objet visible sera d'autant moins sensible, que le corps qui est entre cet objet et l'œil sera d'une matière plus dens.

CHAPITRE CXXXVII. Du champ ou du fond qui convient à chaque ombre et à chaque lumière.

Quand de deux choses il y en a une qui sert de champ à l'autre, de quelque couleur qu'elles soient, soit qu'elles soient dans l'ombre, soit qu'elles soient éclairées, elles ne paroîtront jamais plus détachées l'une de l'autre, que lorsqu'elles seront dans un degré différent ; c'est-à-dire, qu'il ne faut pas qu'une couleur obscure serve de champ à une autre couleur obscure ; mais il en faut choisir pour cela une qui soit fort différente, comme le blanc, ou quelque autre qui tire sur le blanc, pourvu qu'elle soit éteinte, affoiblie et un peu obscure.

CHAPITRE CXXXVIII. Quel remède il faut apporter lorsque le blanc sert de champ à un autre blanc, ou qu'une couleur obscure sert de fond à une autre qui est aussi obscure.

Quand un corps blanc a pour fond un autre corps blanc, ces deux blancs composés ensemble sont égaux ou ils ne le sont pas ; s'ils sont égaux, le corps qui est plus proche de celui qui regarde, sera un peu obscur vers le contour qui se termine sur l'autre blanc. Mais si le champ est moins clair que la couleur à laquelle il sert de champ, alors le corps qui est sur le champ se détachera de lui-même d'avec celui duquel il est différent, sans autre artifice, et sans l'aide d'aucune teinte obscure.

CHAPITRE CXXXIX. De l'effet des couleurs qui servent de champ au blanc.

La couleur blanche paroîtra plus claire selon qu'elle se rencontrera sur un fond plus brun ; et au contraire elle paroîtra plus brune à mesure qu'elle aura un fond plus blanc : cela se remarque visiblement aux flocons de neige, qui nous paroissent moins blancs lorsqu'ils sont dans l'air qui est éclairé de tous côtés, que lorsqu'ils sont vis-à-vis quelque fenêtre ouverte, où l'obscurité du dedans de la maison leur fait un champ obscur ; car alors ils paroissent très-blancs. Il faut aussi remarquer que les flocons de neige vus de près, semblent tomber avec vîtesse et en grande quantité, au lieu que de loin ils paroissent tomber plus lentement et en petite quantité.

CHAPITRE CXL. Du champ des figures.

Entre les choses qui sont également éclairées, celle qui sera vue sur un fond plus blanc, paroîtra plus claire et plus éclatante, et celle qui se trouvera dans un endroit plus obscur, paroîtra plus blanche ; la couleur incarnat deviendra plus pâle sur un fond rouge, et un rouge pâle paroîtra plus vif et plus ardent, étant vu sur un fond jaune ; et pareillement toutes sortes de couleurs auront un œil différent, et paroîtront autres qu'elles ne sont, selon la teinte du champ qui les environne.

CHAPITRE CXLI. Des fonds convenables aux choses peintes.

C'est une chose de grande importance, et qui mérite d'être bien considérée, de donner des fonds convenables, et de placer avec art les corps opaques, selon leurs ombres et leurs lumières, parce qu'ils doivent avoir le côté du jour sur un champ obscur, et celui de l'ombre sur un fond clair, comme il est représenté dans la figure suivante.

CHAPITRE CXLII. *De ceux qui peignant une campagne, donnent aux objets plus éloignés une teinte plus obscure.*

Plusieurs estiment que dans une campagne découverte les figures doivent être plus obscures, selon qu'elles sont plus éloignées de l'œil : mais ils se trompent ; il faut faire tout le contraire, si ce n'est que la chose qu'on représente soit blanche, parce qu'en ce cas il arriveroit ce que nous en allons dire ci-après.

CHAPITRE CXLIII. *Des couleurs des choses qui sont éloignées de l'œil.*

Plus l'air a de corps et d'étendue, plus il imprime vivement sa teinte sur l'objet qu'il sépare de l'œil ; de sorte qu'il donne plus de force à la couleur d'un objet, s'il est éloigné de deux mille pas, que s'il ne l'étoit que de mille seulement. Quelqu'un dira peut-être que dans les paysages les arbres de même espèce paroissent plus sombres de loin que de près ; mais cela n'est pas vrai lorsque les arbres sont égaux et espacés à même intervalle ; et au contraire cela est vrai, si les premiers arbres sont tellement écartés, que de près on voie au travers la clarté, et que les plus éloignés soient plus près à près, comme il arrive ordinairement sur le rivage et près des eaux, parce qu'alors on ne voit aucun espace ni la verdure des prairies ; mais on voit les arbres tous ensemble entassés, se faisant ombre l'un à l'autre : il arrive encore aux arbres que la partie qui demeure ombrée est toujours beaucoup plus grande que celle qui est éclairée, et les apparences de l'ombre se font bien voir de plus loin, joint que la couleur obscure qui domine par la quantité, conserve mieux son espèce et son image que l'autre partie qui est moins obscure ; ainsi, l'objet fait une plus forte impression sur l'œil par les endroits qui ont une couleur plus forte et plus foncée, que par ceux qui ont une couleur plus claire.

CHAPITRE CXLIV. Des degrés de teintes dans la Peinture.

Ce qui est beau n'est pas toujours bon ; je dis cela pour certains Peintres, qui donnent tant à la beauté des couleurs, qu'ils n'y mettent presque point d'ombres, et celles qu'ils mettent sont toujours très-légères et presque insensibles ; ces Peintres, au mépris de notre art, ne font point de cas du relief que les ombres fortes donnent aux figures. Ils sont en cela semblables à ces beaux parleurs, qui ne disent rien qui soit à propos.

CHAPITRE CXLV. Des changemens qui arrivent aux couleurs de l'eau de la mer, selon les divers aspects d'où elle est vue.

LA mer, quand elle est un peu agitée, n'a point de couleur universelle qui soit la même par-tout : car de dessus la terre elle nous paroît obscure, et vers l'horizon on y voit quelques vagues blanches d'écume et luisantes qui se remuent lentement, comme des moutons dans un troupeau ; ceux qui étant en haute mer la considèrent, ils la voient bleuâtre : or, ce qui fait que de terre elle semble obscure, c'est parce qu'elle a l'effet d'un miroir, dans lequel l'obscurité de la terre est représentée ; et en haute mer l'eau paroît bleue, parce que nous y voyons l'air qui est de cette couleur, représenté comme dans un miroir.

CHAPITRE CXLVI. Des effets des différentes couleurs opposées les unes aux autres.

Les draperies noires font paroître les carnations des figures plus blanches qu'elles ne sont ; et, au contraire, les habits blancs les font paroître plus obscures ; ceux qui sont de couleur jaune relèvent le coloris, et les rouges font paroître pâle.

CHAPITRE CXLVII. *De la couleur des ombres de tous les corps.*

Jamais la couleur de l'ombre d'un corps ne sera pure dans ses propres ombres, si l'objet duquel l'ombre vient n'est de la couleur de celui qui la reçoit : par exemple, si dans un logis il y avoit des murailles qui fussent vertes, je dis que si on y expose du bleu, qui soit éclairé d'un autre bleu, alors le côté du jour sera d'un bleu très-parfait ; mais celui de l'ombre deviendra désagréable, et ne tiendra point de la beauté de sa couleur bleue originale, parce qu'elle aura été corrompue par le reflet de cette muraille verte, qui auroit encore un pire effet si elle étoit de couleur tannée.

CHAPITRE CXLVIII. De la diminution des couleurs dans les lieux obscurs.

Dans les lieux clairs qui s'obscurcissent uniformément et par degré jusques aux ténèbres parfaites, une couleur se perdra peu à peu par une dégradation insensible de ses teintes, à proportion qu'elle sera plus éloignée de l'œil.

CHAPITRE CXLIX. De la perspective des couleurs.

Il faut que les premières couleurs soient pures et simples, et que les degrés de leur affoiblissement et ceux des distances conviennent entre eux réciproquement ; c'est-à-dire, que les grandeurs des objets participeront plus à la grandeur du point de vue, selon qu'elles en seront plus proches, et les couleurs tiendront aussi plus de la couleur de leur horizon, à mesure qu'elles en approcheront davantage.

CHAPITRE CL. Des couleurs.

La couleur qui est entre la partie ombrée et la partie éclairée des corps opaques, sera moins belle que celle qui est entièrement éclairée ; donc, la première beauté des couleurs se trouve dans les principales lumières.

CHAPITRE CLI. D'où vient à l'air la couleur d'azur.

L'AZUR de l'air vient de ce que l'air est un corps très-transparent, éclairé de la lumière du soleil, et placé entre la terre et le ciel qui est un corps opaque, qui n'a point de lumière de lui-même : l'air, de sa nature, n'a aucune qualité d'odeur, ni de goût, ni de couleur ; mais il prend fort facilement les qualités des choses qui se trouvent autour de lui, et il paroîtra d'azur d'autant plus beau, qu'il aura derrière lui des ténèbres plus épaisses, pourvu qu'il y ait une distance convenable, et qu'il ne soit pas trop humide, et qu'on prenne garde que vers les montagnes qui ont plus d'ombre, l'azur y est plus beau dans un grand éloignement, pour la même raison qu'aux lieux où l'air est plus éclairé, on voit davantage la couleur de la montagne que celle de l'azur, duquel elle est colorée par l'air qui se trouve entre l'œil et elle.

CHAPITRE CLII. Des couleurs.

ENTRE les couleurs qui ne sont point bleues, celle qui approche plus du noir tire plus sur l'azur dans une grande distance ; et au contraire, celle qui aura moins de conformité avec le noir, conservera mieux sa propre couleur dans une grande distance, il s'en suit donc que le vert, dans les campagnes, se transforme plutôt en azur que le jaune ou le blanc, et par la même raison, le blanc et le jaune se changent moins que le rouge ou le vert.

CHAPITRE CLIII. *Des couleurs qui sont dans l'ombre.*

Les couleurs qui sont mêlées parmi les ombres, retiendront de leur beauténaturelle, à proportion que les ombres seront plus ou moins obscures ; mais si les couleurs sont couchées en quelque endroit clair, alors elles paroîtront d'une beauté d'autant plus exquise, que le lieu où elles se trouveront aura plus de lumière. Quelqu'un pourra objecter qu'il y a une aussi grande variété dans les ombres que dans les couleurs des choses ombrées ; à quoi je réponds, que les couleurs qui sont dans l'ombre, montrent d'autant moins de variété entre elles, que les ombres avec lesquelles elles sont mêlées sont plus obscures ; et ceci peut être confirmé par ceux qui ont pris garde aux tableaux qu'on voit de dehors sous les portiques des temples obscurs, où les peintures, quoique diversifiées de couleurs, semblent être néanmoins toutes de couleur d'ombre.

CHAPITRE CLIV. Du champ des figures des corps peints.

Le champ qui entoure les figures de toutes les choses peintes, doit être plus brun que la partie éclairée, et plus clair que la partie qui est dans l'ombre.

CHAPITRE CLV. Pourquoi le blanc n'est point compté entre les couleurs.

Le blanc n'est point estimé une couleur, mais une chose capable de recevoir toutes les couleurs ; quand il est au grand air de la campagne, toutes ces ombres paroissent bleues, parce que la superficie de tout corps opaque tient de la couleur de l'objet qui l'éclaire. Ainsi, le blanc étant privé de la lumière du soleil, par l'opacité de quelque objet qui se trouve entre le soleil et ce même blanc, demeure sans participer à aucune couleur : le blanc qui voit le soleil et l'air participe à la couleur de l'une et de l'autre, et il a une couleur mêlée de celle du soleil et de celle de l'air ; et la partie qui n'est point vue du soleil, demeure toujours obscure, et participe à la couleur apurée de l'air ; et si ce blanc ne voyoit point la verdure de la campagne jusqu'à l'horizon, et qu'il ne vît point encore la blancheur du même horizon, sans doute ce blanc ne paroîtroit simplement que de la couleur de l'air.

CHAPITRE CLVI. Des couleurs.

La lumière qui vient du feu, teint en jaune tout ce qu'elle éclaire ; mais cela ne se trouvera pas vrai, si on ne lui présente quelqu'autre chose qui soit éclairée de l'air : on peut observer ce que je dis vers la fin du jour, et encore plus distinctement le matin après l'aurore : cela se remarque encore dans une chambre obscure, où il passera sur l'objet un rayon de jour, ou même d'une lumière de chandelle ; et dans un lieu comme celui-là, on verra assurément leurs différences bien claires et bien marquées ; mais aussi sans ces deux lumières, il sera très-difficile de reconnoître leur différence, et il ne sera pas possible de la remarquer dans les couleurs qui ont beaucoup de ressemblance, comme le blanc et le jaune, le vert de mer et l'azur, parce que cette lumière qui va sur l'azur étant jaunâtre, fait comme un mélange de bleu et de jaune, lesquels composent ensemble un beau vert ; et si vous y mêlez encore après de la couleur jaune, ce vert deviendra beaucoup plus beau.

CHAPITRE CLVII. Des couleurs des lumières incidentes et réfléchies.

Quand un corps opaque se trouve entre deux lumières, voici ce qui peut arriver. Ou ces deux lumières sont égales en force, ou elles sont inégales ; si elles sont égales en force, leur clarté pourra être encore diversifiée en deux manières ; savoir, par l'égalité ou par l'inégalité de leur éclat ; il sera égal, lorsque leur distance sera égale, et inégal leurs distances étant inégales ; en des distances égales, elles se diversifieront encore en deux autres manières ; savoir, lorsque du côté du jour l'objet sera plus foiblement éclairé par des lumières également éclatantes et éloignées, que du côté opposé par des lumières réfléchies, aussi également vives et également distantes : l'objet placé à une distance égale, entre deux lumières égales et en couleur et en éclat, peut être éclairé par ces lumières en deux sortes ; savoir, ou également de chaque côté, ou bien inégalement ; il sera également éclairé par ces deux lumières, lorsque l'espace qui reste autour de ces lumières sera de couleur égale et en ombre et en clarté, et elles seront inégales, quand les espaces qui sont autour de ces deux lumières se trouveront dans l'obscurité.

CHAPITRE CLVIII. Des couleurs des ombres.

Souvent il arrive que les ombres dans les corps ombrés, ne se continuent pas dans la même teinte de leurs lumières, et que les ombres seront verdâtres et les lumières rougeâtres, bien que le corps soit de couleurs égales et uniformes ; ce qui arrive, lorsque la lumière venant d'Orient, teindra l'objet de sa couleur même, laquelle sera différente de celle du premier objet ; tellement qu'avec ses reflets elle rejaillit vers l'Orient, et bat avec ses rayons sur les parties du premier objet qu'elle rencontre, et là ses rayons s'arrêtent et demeurent fermes, avec leurs couleurs et leurs lumières. J'ai souvent remarqué sur un objet blanc des lumières rouges et des ombres bleues ; et cela est ordinaire aux montagnes couvertes de neige, lorsque le soleil se couche, et que par l'éclat de ses rayons l'horizon paroît tout en feu.

CHAPITRE CLIX. *Des choses peintes dans un champ clair, et en quelles occasions cela fait bien en peinture.*

QUAND un corps ombré se termine sur un fond clair, ce corps paroît avoir du relief, et être détaché du fond : cela vient de ce que les corps d'une superficie courbe, s'obscurcissent par nécessité vers la partie opposée, où ils ne sont point éclairés des rayons du jour, cet endroit restant privé de lumière, tellement qu'il est extrêmement différent du fond qui lui sert de champ, et la partie de ce même corps qui est éclairée, ne doit jamais terminer sur un champ clair par les parties éclairées de son plus grand jour ; mais entre le champ et la principale lumière du corps éclairé, il faut qu'il se trouve un terme ombré d'une demi-teinte, qui tienne le milieu entre la couleur du champ et la lumière du corps éclairé.

CHAPITRE CLX. Du champ des figures.

Pour qu'une figure paroisse avec avantage, il faut, si elle est claire, la mettre dans un champ obscur, et si elle est obscure, la mettre dans un champ clair ; parce que le blanc paroît davantage auprès du noir qu'ailleurs ; et en général, tous les contraires ont une force toute particulière quand ils sont opposés à leurs contraires.

CHAPITRE CLXI. *Des couleurs qui sont produites par le mélange des autres couleurs.*

DES couleurs simples, la première de toutes est le blanc, quoique entre les philosophes le blanc et le noir ne soient point comptés parmi les couleurs : parce que l'un en est la cause, l'autre la privation ; néanmoins, parce que le Peintre ne peut s'en passer, nous les mettrons au nombre des couleurs, et nous donnerons la première place au blanc entre les couleurs simples ; le jaune aura la seconde, le vert la troisième, l'azur la quatrième, le rouge aura la cinquième, et la sixième, qui est la dernière, sera pour le noir : nous établirons le blanc comme la lumière, sans laquelle nulle couleur ne peut être vue ; le jaune sera pour représenter la terre ; le vert pour l'eau, l'azur pour l'air, le rouge pour le feu, et le noir pour les ténèbres. Si vous voulez voir bientôt la variété de toutes les couleurs composées, prenez des carreaux de verre peints, et au travers de ces verres, considérez toutes les couleurs de la campagne ; par ce moyen vous connoîtrez que la couleur de chaque chose qui se trouvera derrière ce verre, sera falsifiée et mêlée avec la teinte qui est sur le verre, et vous pourrez remarquer quelles sont les couleurs qui en reçoivent un changement plus ou moins avantageux ; par exemple, si le verre est teint en jaune, la couleur des objets qu'on voit au travers, peut aussi-tôt se gâter que se perfectionner, et les couleurs qui en recevront plus d'altération, sont particulièrement l'azur, le noir et le blanc ; et celles qui en tireront quelque avantage, sont principalement le jaune et le vert ; et ainsi, en parcourant de l'œil le mélange de ces couleurs, qui est presque infini, vous choisirez les couleurs dont la composition vous paroîtra plus agréable et plus nouvelle : vous pourrez faire la même chose avec deux verres de diverses teintes, et ainsi de suite avec trois, ou même davantage, en continuant la même méthode.

CHAPITRE CLXII. Des couleurs.

L'AZUR et le vert ne sont pas d'eux-mêmes des couleurs simples, parce que l'azur est composé de lumières et de ténèbres, c'est-à-dire, d'un noir très-parfait et d'un blanc très-pur, comme il paroît par l'azur de l'air, le vert se compose d'une couleur simple, et d'une autre composée, qui sont l'azur et le jaune. Une chose représentée dans un miroir, tient toujours de la couleur du corps qui lui sert de miroir, et le miroir réciproquement se teint aussi en partie de la couleur qu'il représente, et l'un participe d'autant plus à la couleur de l'autre, que l'objet représenté a plus ou moins de force que la couleur du miroir ; et l'objet paroîtra d'une couleur d'autant plus vive et plus forte, qu'il aura plus de conformité et de ressemblance avec la couleur du miroir. Des couleurs des corps, celle-là se fera voir de plus loin qui sera d'un blanc plus éclatant ; par conséquent celle qui sera la plus obscure, disparoîtra dans une moindre distance ; entre les corps d'égale blancheur, et également éloignés de l'œil, celui qui sera environné d'une plus grande obscurité, paroîtra le plus blanc ; et au contraire, l'obscurité qui paroîtra la plus grande, sera celle qui sera environnée d'une blancheur plus éclatante. Entre les couleurs d'une égale perfection, celle-là paroîtra plus excellente, qui sera vue auprès de la couleur qui lui est directement contraire, comme le rouge, avec ce qui est pâle, le noir avec le blanc (quoique ni l'une ni l'autre de ces deux ne soient au rang des couleurs), le jaune doré avec l'azur, et le vert avec le rouge ; parce que chaque couleur paroît davantage auprès de celle qui lui est contraire, qu'auprès de celle qui a de la conformité avec elle. Une chose blanche qui sera vue dans un air obscur et plein de vapeurs, paroîtra plus grande qu'elle n'est en effet, ce qui arrive, parce que, comme je l'ai dit auparavant, une chose claire semble s'augmenter dans un champ obscur, pour les raisons que j'ai apportées. L'air qui est entre l'œil et la chose vue, communique sa propre couleur à cette chose, comme l'air bleuâtre qui fait que les montagnes vues de loin, paroissent de couleur d'azur. Le verre rouge fait que tout ce qu'on regarde au travers paroît rouge ; la lumière que font les étoiles autour d'elles, est toute offusquée par les ténèbres de la nuit, qui sont entre l'œil et ces étoiles. La vraie couleur de toute sorte de corps paroît dans l'endroit où il n'y a aucune ombre et aucune lumière éclatante. Dans toutes ces couleurs, je dis que les clairs qui viennent terminer avec les ombres, font qu'aux extrémités ou ils se rencontrent, les ombres paroissent plus obscures et plus noires, et les clairs plus blancs et plus éclatans.

CHAPITRE CLXIII. De la couleur des montagnes.

UNE montagne qui est éloignée de l'œil, si elle est d'une couleur obscure, paroîtra d'un plus bel azur qu'une autre qui sera moins obscure, et la plus obscure sera la plus haute et la plus couverte de bois ; parce que sous les grands arbres il s'y trouve encore d'autres petits arbrisseaux qui paroissent obscurs, le jour d'en haut leur étant ôté par les plus grands ; outre que les arbres sauvages des forêts sont d'eux-mêmes encore plus sombres que les arbres cultivés : car les chênes, les fouteaux, les sapins, les cyprès, les pins, et tels autres arbres champêtres, sont beaucoup plus sombres que les oliviers que nous cultivons. Vers la cime des hautes montagnes où l'air est plus pur et plus subtil, l'azur paroîtra plus pur et plus noir que vers le pied des montagnes où l'air est grossier. Une plante paroît moins détachée de son champ, lorsqu'elle est sur un autre champ, dont la couleur approche de celle de la plante ; le contraire arrivera si ces deux couleurs sont contraires l'une à l'autre. Dans un objet blanc, le côté qui approchera plus près du noir paroîtra plus blanc ; et au contraire, le clair qui sera plus éloigné du noir ou de l'ombre, paroîtra moins blanc, et la partie du noir qui sera plus près du blanc paroîtra plus obscure ; et le contraire arrivera, si elle en est éloignée.

CHAPITRE CXIV. Comment un Peintre doit mettre en pratique la perspective des couleurs.

Pour bien mettre en pratique cette perspective dans le changement, l'affoiblissement et la dégradation des couleurs, vous prendrez de cent en cent brasses quelques termes fixes dans la campagne, comme sont des arbres, des maisons, des hommes ou quelque autre lieu remarquable ; et si c'est, par exemple, un arbre, vous aurez un verre arrêté bien ferme, et votre œil demeurant ferme dans la même situation, dessinez sur ce verre un arbre, suivant le contour de celui que vous avez devant les yeux, puis retirez-vous en arrière jusqu'à ce que l'arbre naturel vienne presqu'à paroître égal à celui que vous avez dessiné ; après quoi colorez votre dessin de telle sorte, que par sa couleur et par sa forme il ressemble à l'arbre naturel que vous voyez au travers de votre verre, et que tous les deux, en fermant un œil, vous paroissent peints, et également éloignés de votre œil ; continuez cette même règle à l'égard des autres arbres de la seconde et de la troisième distance de cent en cent brasses, d'espace en espace, et que ces études vous servent comme une chose fort utile, à quoi vous devez avoir recours, en travaillant ; cela vous sera d'un grand usage pour les lointains : mais je trouve par l'observation que j'en ai faite, que le second objet diminue du premier, lequel en seroit éloigne de vingt brasses.

CHAPITRE CLXV. De la perspective aérienne.

Il y a une espèce de perspective, qu'on nomme aérienne, qui par les divers degrés des teintes de l'air, peut faire connoître la différence des éloignemens de divers objets, quoiqu'ils soient tous sur une même ligne ; par exemple, si on voit au delà de quelque mur plusieurs édifices, qui paroissent tous d'une pareille grandeur au-delà du mur sur une même ligne, et que vous ayez dessein de les peindre, ensorte qu'il semble à l'œil que l'un est plus loin que l'autre, il faudra représenter un air un peu plus épais qu'il n'est ordinairement ; car on sait bien que dans cette disposition d'air les choses les plus éloignées paroissent azurées, à cause de la grande quantité d'air qui est entre l'œil et l'objet ; cela se remarque sur-tout aux montagnes. Ceci une fois supposé, vous ferez l'édifice qui paroîtra le premier au-delà de ce mur, de sa couleur naturelle ; celui d'après, qui sera un peu plus éloigné, il le faudra profiler plus légèrement, et lui donner une teinte un peu plus azurée ; et à l'autre ensuite, que vous feindrez être encore plus loin, donnez-lui à proportion une teinte encore plus azurée que celle des autres ; et si vous voulez qu'un autre paroisse cinq fois plus loin, faites qu'il ait cinq degrés de plus de la même teinte azurée, et par cette règle, vous ferez que les édifices qui sont sur la même ligne paroîtront égaux en grandeur, et néanmoins on connoîtra fort bien la grandeur et l'éloignement de chacun en particulier.

CHAPITRE CLXVI. Des mouvemens du corps de l'homme, des changemens qui y arrivent, et des proportions des membres.

Les mesures du corps de l'homme se changent en chaque membre, selon qu'on le plie plus ou moins ; et par les divers aspects d'un côté elles diminuent ou croissent plus ou moins, à proportion qu'elles croissent ou diminuent de l'autre côté.

CHAPITRE CLXVII. *Des changemens de mesures qui arrivent au corps de l'homme, depuis sa naissance jusqu'à ce qu'il ait la hauteur naturelle qu'elle doit avoir.*

L'HOMME, dans sa première enfance, a la largeur des épaules égale à la longueur du visage, et à l'espace du bras qui est depuis l'épaule jusqu'au coude lorsque le bras est plié : elle est encore pareille à l'espace qui est depuis le gros doigt de la main jusqu'au pli du coude, et pareille encore à l'intervalle qu'il y a de la jointure du genou à celle du pied ; mais quand l'homme est parvenu à sa dernière hauteur, toutes ces mesures doublent en longueur, hormis le visage, lequel, aussi bien que toute la tête, reçoit peu de changement ; et ainsi l'homme qui, après être arrivé à son dernier accroissement est d'une taille bien proportionnée, doit avoir en hauteur dix faces, et la largeur des épaules a deux de ces mêmes faces ; et ainsi, toutes les autres parties dont j'ai parlé sont pareillement de deux faces. Pour le reste, nous en traiterons en parlant de toutes les mesures du corps de l'homme.

CHAPITRE CLXVIII. *Que les petits enfans ont les jointures des membres toutes contraires à celles des hommes, en ce qui regarde la grosseur.*

Les petits enfans ont tous les jointures déliées, et les espaces qui sont entre-deux plus gros ; cela arrive parce qu'ils n'ont sur les jointures que la peau seule et quelques membranes nerveuses qui attachent et lient les os ensemble, et toute la chair qui est molle, tendre, et pleine de suc, se trouve enfermée sous la peau entre deux jointures ; mais parce que dans les jointures les os sont plus gros qu'ils ne le sont dans l'espace qui est entre les jointures, la chair se décharge de beaucoup des superfluités tandis que l'homme croît, et ses membres deviennent à proportion plus déliés qu'auparavant ; mais il ne se fait point de diminution dans les jointures, parce qu'il n'y a que des os et des cartilages ; de sorte que, par ces raisons, les petits enfans sont gras entre les jointures, foibles et décharnés aux jointures, comme il paroît à celles de leurs doigts, de leurs bras, de leurs épaules, qu'ils ont déliées et menues ; au contraire, un homme fait est gros et noué par-tout, aux jointures des bras et des jambes ; et au lieu que les enfans les ont creuses, les hommes les ont relevées.

CHAPITRE CLXIX. De la différence des mesures entre les petits enfans et les hommes faits.

ENTRE les hommes et les enfans je trouve une grande différence de longueur de l'une à l'autre jointure ; car l'homme a depuis la jointure des épaules jusqu'au coude, et du coude au bout du pouce, et de l'extrémité d'une épaule à l'autre, une mesure de deux têtes, et à l'enfant, cette mesure n'est que d'une tête : cela vient apparemment de ce que la nature travaille d'abord à la tête, qui est la principale partie et le siége de l'entendement, et ensuite aux parties moins considérables et moins nécessaires.

CHAPITRE CLXX. Des jointures des doigts.

Les doigts de la main grossissent dans leurs jointures de tous les côtés lorsqu'ils se plient, et plus ils se plient, plus ils paroissent ; de même aussi ils diminuent à mesure qu'ils se redressent : la même chose arrive aux doigts des pieds, et il y aura un changement d'autant plus visible, qu'ils seront plus gros et plus charnus.

CHAPITRE CLXXI. De l'emboîtement des épaules, et de leurs jointures.

Les jointures des épaules et des autres membres qui se plient, seront expliquées en leur lieu dans le Traité de l'Anatomie, où je ferai voir les causes des mouvemens de chaque partie dont le corps de l'homme est composé.

CHAPITRE CLXXII. Des mouvemens des épaules.

LES mouvemens simples sont les principaux de ceux qui se font à la jointure des épaules : ces mouvemens sont ceux par lesquels le bras se porte en haut et en bas, en devant ou en arrière : on pourroit dire que ces quatre mouvemens sont en quelque sorte infinis ; car si on fait avec le bras une figure circulaire sur un mur, on aura fait tous les mouvemens que l'épaule peut faire, parce que toute quantité continue se peut diviser à l'infini, et ce cercle est une quantité continue qui a été faite par le mouvement du bras, qui en a tracé et parcouru la circonférence : donc ce cercle étant divisible à l'infini, les mouvemens des épaules sont aussi en quelque sorte infinis.

CHAPITRE CLXXIII. Des mesures universelles des corps.

JE dis que les mesures universelles des corps doivent s'observer dans les longueurs des figures seulement ; et non pas dans les largeurs ; parce que c'est une chose merveilleuse dans la nature, que de toutes ses productions on n'en voit aucune de quelque espèce que ce soit, laquelle considérée en particulier, soit précisément semblable à une autre : c'est pourquoi, vous qui êtes imitateur de la nature, considérez attentivement la variété des contours ; néanmoins je suis d'avis que vous évitiez les choses qui sont monstrueuses, comme des jambes trop longues, des corps trop courts, des poitrines étroites et des bras longs : observez donc les mesures des jointures, et les grosseurs dans lesquelles la nature se plaît à faire paroître de la variété, pour faire de même à son exemple.

CHAPITRE CLXXIV. Des mesures du corps humain, et des plis des membres.

Les Peintres sont obligés d'avoir connoissance de l'Ostéologie, c'est-à-dire, des ossemens du corps, qui servent de soutien à la chair dont ils sont couverts, et des jointures, qui font que les membres croissent et diminuent quand ils se plient ; car la mesure du bras étendu ne se trouve pas égale à celle du même bras retiré, puisqu'il croît ou décroît en s'étendant et en se pliant, avec la différence d'une huitième partie de sa longueur ; l'accroissement et le décroissement du bras par l'effet de l'os qui sort de son emboîture, est tel que vous le voyez représenté en cette figure A B ; son accroissement se fait dans la partie qui vient de l'épaule au coude, lorsque l'angle du coude est plus aigu qu'un angle droit, et l'accroissement augmente à mesure que cet angle diminue ; comme au contraire la longueur diminue selon que cet angle devient plus ouvert ; l'espace qui est entre l'épaule et le coude, s'accroît d'autant plus, que l'angle du pli du coude se fait plus petit qu'un angle droit, et décroît à proportion que l'angle est plus grand qu'un droit.

CHAPITRE CLXXV. De la proportion des membres.

Toutes les parties de l'animal doivent avoir du rapport à leur tout ; c'est-à-dire, que celui dont la forme totale est courte et grosse, doit avoir aussi chaque membre en particulier court et gros, et celui qui sera long et délié, doit avoir les membres longs et menus ; et celui qui est d'une taille médiocre les aura pareillement médiocres. Ce que je dis ne doit point s'entendre des plantes, parce qu'elles se renouvellent elles-mêmes par les rejetons qu'elles poussent sur leur tronc, et ainsi leur première forme et leur proportion naturelle est altérée et changée.

CHAPITRE CLXXVI. De la jointure des mains avec les bras.

Le poignet ou la jointure du bras avec la main devient plus menu, lorsque la main serre quelque chose, et il se grossit lorsqu'on ouvre la main : mais le bras fait tout le contraire de tous les côtés, entre le coude et la main ; cela vient de ce qu'en ouvrant la main, les muscles qui servent à cet effet s'étendent et rendent le bras plus délié entre le coude et la main ; et lorsque la main tient quelque chose serrée, les muscles se retirent, se grossissent et s'éloignent de l'os, étant tirés par le serrement et par la compression de la main.

CHAPITRE CLXXVII. Des jointures des pieds, de leur renflement et de leur diminution.

La diminution et l'accroissement de la jointure du pied se fait seulement du côté de sa partie nerveuse D E F, laquelle croît lorsque l'angle de cette jointure devient plus aigu, et diminue à proportion que cet angle devient plus ouvert : ce qui doit être entendu de la jointure du devant du pied A C B, dont je veux parler.

CHAPITRE CLXXVIII. Des membres qui diminuent quand ils se plient, et qui croissent quand ils s'étendent.

Entre tous les membres qui se plient à leur jointure, il n'y a que le genou qui, en se pliant, perd de sa grosseur, et qui devient plus gros étant étendu.

CHAPITRE CLXXIX. Des membres qui grossissent dans leurs jointures, quand ils sont pliés.

Tous les membres du corps de l'homme grossissent dans leurs jointures quand ils se plient, hormis en celle de la jambe.

CHAPITRE CLXXX. Des membres nuds des hommes.

Quand des hommes nus travaillent et font quelque mouvement violent, ceux-là seuls de leurs membres doivent avoir des muscles bien marqués, du côté desquels ces muscles font mouvoir le membre qui est en action, et les autres membres feront paroître plus ou moins leurs muscles à proportion de l'effort et du travail qu'ils font.

CHAPITRE CLXXXI. Des mouvemens violens des membres de l'homme.

Des deux bras celui là sera poussé par un mouvement plus grand et plus violent, lequel s'étant écarté de sa situation naturelle, sera plus puissamment assisté des autres membres, pour les ramener au lieu, où il veut aller ; comme la figure A, qui étend le bras avec la massue E, et le porte en un sens contraire pour l'en retirer après, aidé et fortifié de tout le corps, et se porter avec plus de violence en B.

CHAPITRE CLXXXII. Du mouvement de l'homme.

DANS la Peinture, la principale partie consiste à former des compositions heureuses dans quelque sujet que ce puisse être ; et la seconde partie qui concerne l'expression et les actions des figures, consiste à leur donner de l'attention à ce qu'elles font, et à faire qu'elles agissent avec promptitude et avec vivacité, selon le degré d'expression qui leur convient, aussi bien dans les actions lentes et paresseuses, que dans celles qui demandent beaucoup d'activité et de feu, et que la promptitude et la fierté soient autant exprimées que le demande la disposition présente de celui qui est en action ; comme quand quelqu'un doit jeter un dard, ou des pierres, ou d'autres choses semblables, qu'il paroisse dans son attitude et dans la disposition de tous ses membres, quelle est son intention ; voici deux figures dont la différente altitude montre qu'elles font un effort bien différent : la figure A est celle qui fait paroître plus de vigueur et de force, et la figure B en fait paroître moins ; mais la figure A jettera plus loin le dard qu'elle lance, que la figure B ne jettera la pierre qu'elle tient ; parce qu'encore bien que les deux figures paroissent vouloir jeter du même côté et arriver au même but, la figure A fait un plus grand effort : car elle a les pieds tournés du côté opposé à celui vers où elle veut porter ce coup ; ce qui fait qu'elle le porte en effet avec beaucoup de force, en pliant et remuant le corps fort vite et fort commodément pour le ramener vers le but où elle veut tirer. Au contraire, la figure B ayant le corps et les pieds dans une situation naturelle, elle n'agit pas avec tant de facilité, et elle ne fait pas tant d'efforts, par conséquent l'effet est foible, et le mouvement peu violent ; parce qu'en général tout effort, pour avoir un grand effet, doit commencer par des contorsions violentes, et finir par des mouvemens libres, aisés et commodes ; de même que si une arbalète n'est pas bandée avec force, le mouvement de la chose qu'elle doit tirer n'aura pas grand effet, parce qu'où il n'y a point d'effort et de violence, il n'y a qu'un mouvement foible ; ainsi un arc qui n'est point bandé ne peut produire de mouvement ; et s'il est bandé, il ne se débandera pas de lui-même sans une force étrangère, par le moyen de laquelle il décochera sa flèche : tout de même l'homme qui ne fait aucun effort et aucune contorsion, demeure sans force ; quand donc celui qui est représenté par la figure A aura jeté son dard, et qu'il aura épuisé toute sa force dans sa contorsion de corps vers le côté où il a lancé son dard, en même temps il aura acquis une autre nouvelle puissance, mais qui ne lui peut servir qu'à retourner de l'autre côté, et à faire un mouvement contraire à celui qu'il a fait.

CHAPITRE CLXXXIII. Des attitudes et des mouvemens du corps, et de ses membres.

Qu'on ne voie point la même action répétée dans une même figure, soit dans ses principaux membres, soit dans les petits, comme les mains ou les doigts : il ne faut point aussi répéter plusieurs fois la même attitude dans une histoire ; et si le sujet de l'histoire demande un grand nombre de figures, comme une bataille ou un combat de gladiateurs, parce qu'il n'y a que trois manières de frapper, qui sont d'estoc, de taille et de revers, il faut varier autant qu'on peut ces trois manières de porter des coups ; par exemple, si l'un se tourne en arrière, faites qu'un autre soit vu de côté, et un autre par-devant, et ainsi diversifiez les mêmes actions par divers aspects, et que tous les mouvemens se rapportent à ces trois principaux dont j'ai parlé : mais dans les batailles, les mouvemens composés marquent beaucoup d'art, animent pour ainsi dire le sujet, et y répandent un grand feu. On nomme mouvement composé, celui d'une figure qui fait en même temps des mouvemens qui paroissent opposés, comme lorsque la même figure montre le devant des jambes, et une partie du corps par le profil des épaules. Je parlerai en son lieu de cette espèce de mouvement composé.

CHAPITRE CLXXXIV. Des jointures des membres.

Dans les jointures des membres et dans leurs différens mouvemens, on doit prendre garde de quelle sorte les muscles s'enflent d'un côté, s'abaissent et s'allongent de l'autre ; et cela se doit observer dans le col des animaux, parce que là les mouvemens sont de trois espèces ; deux desquels sont simples, et le troisième est composé, puisqu'il tient quelque chose de l'un et de l'autre des simples, l'un desquels se fait quand l'animal plie le col vers quelqu'une des épaules, ou lorsqu'il hausse ou baisse la tête ; le second se fait quand le col se tourne à droite ou à gauche sans se courber, mais reste tout droit, et que la tête est tournée vers l'une des épaules ; le troisième mouvement que nous appelons composé, est lorsque le pli est mêlé de contorsion, comme quand l'oreille se baisse vers quelqu'une des épaules, et que le front est tourné au même endroit ou vers l'autre épaule, et la tête élevée vers le ciel.

CHAPITRE CLXXXV. *De la proportion des membres de l'homme.*

PRENEZ sur vous-même les mesures de vos membres ; et si vous rencontrez quelque partie qui n'ait pas une belle proportion, marquez la, et prenez bien garde en dessinant des figures de ne pas tomber dans le même défaut, parce qu'ordinairement un Peintre se peint lui-même, et se plaît aux choses qui lui ressemblent.

CHAPITRE CLXXXVI. Des mouvemens des membres de l'homme.

Tous les membres doivent exercer la fonction à laquelle ils ont été destinés ; par exemple, il faut que dans les corps morts, ou dans ceux qui dorment, aucun membre ne paroisse vif ou éveillé ; de même le pied qui porte le poids du corps, doit paroître comme affaissé, et non pas avec des doigts qui paroissent en mouvement ou libres, si ce n'est qu'il s'appuyât seulement sur le talon.

CHAPITRE CLXXXVII. Du mouvement des parties du visage.

Les mouvemens des parties du visage, causés par les agitations subites de l'esprit, sont en grand nombre ; les principaux sont, de rire, de pleurer, de crier, de chanter sur les différens tons que la voix peut prendre, de faire paroître de l'étonnement, de la colère, de la joie, de la tristesse, de la peur, du chagrin, de la douleur, et d'autres semblables mouvemens dont nous parlerons. Premièrement, les mouvemens qu'on fait quand on rit et quand on pleure, sont fort semblables dans les caractères qu'ils impriment sur la bouche, sur les joues, et aux paupières des yeux ; mais ils diffèrent seulement dans les sourcils, et à l'intervalle qui les sépare, dont nous traiterons plus amplement en son lieu, lorsque nous parlerons des mouvemens qui arrivent au visage, aux mains, et aux autres membres, dans les accidens qui surprennent tout d'un coup : la connoissance de ces mouvemens est fort nécessaire à un Peintre, et sans elle il ne représenteroit que des figures doublement mortes ; mais il faut encore qu'il prenne garde que leurs actions et leurs mouvemens ne soient pas si extraordinairement et si bizarrement animés, que dans un sujet tranquille il semble peindre quelque bataille, ou bien une bacchanale ; et sur-tout que ceux qu'il introduira présens au sujet qu'il traite soient attentifs à ce qui se passe, avec des actions et des contenances d'admiration, de respect, de douleur, de compassion, de défiance, de crainte ou de joie, selon qu'il est à propos et convenable au sujet qui a formé l'assemblée ou le concours de ces figures, et qu'il fasse ensorte que ses histoires ne soient point l'une sur l'autre sur une même muraille, avec divers points de vue, comme si c'étoit la boutique d'un marchand qui étale ses marchandises.

CHAPITRE CLXXXVIII. Observations pour dessiner les portraits.

L'os et le cartilage qui composent le nez qui est élevé au milieu du visage, peuvent avoir huit formes différentes, qui donnent huit différentes figures de nez ; car ou ils sont également droits, ou également concaves, ou également convexes, et c'est la première ; ou bien ils sont droits ou concaves, ou convexes inégalement, et c'est la seconde ; ou bien leurs parties d'en haut sont droites, et celle d'en bas concaves, qui est la troisième sorte ; ou celles d'en haut sont droites, et celles de dessous convexes, c'est la quatrième ; ou bien, dessus elles sont concaves, et au-dessous droites, c'est la cinquième ; ou concaves au-dessus et convexes au-dessous, qui est la sixième ; ou convexes au-dessus et droites au-dessous, c'est la septième ; ou enfin, convexes au-dessus et concaves au-dessous, qui est la huitième et la dernière. La jonction du nez avec le sourcil a deux formes différentes ; elle est toujours ou creuse, ou concave, ou droite. Le front a trois formes différentes ; car, ou il est tout uni, ou il est concave, ou bien il est relevé. La forme pleine et unie se divise encore en plusieurs manières ; car, ou elle est creuse vers le haut, ou vers la partie d'en bas, ou elle l'est en haut et en bas, ou bien elle est toute pleine et toute unie en haut et en bas.

CHAPITRE CLXXXIX. *Moyen de retenir les traits d'un homme, et de faire son portrait, quoiqu'on ne l'ait vu qu'une seule fois.*

IL faut, pour cela, se bien souvenir des quatre principales parties du visage, qui sont le menton, la bouche, le front et le nez ; et premièrement, à l'égard du nez, il s'en trouve de trois différentes sortes ; de droits, de concaves ou d'enfoncés, et de convexes ou de relevés. De ceux qui sont droits, il n'y en a que de quatre différentes formes ; savoir de longs, de courts, de relevés par le bout, et de rabattus ; les nez concaves ou camus sont de trois sortes, dont les uns ont leur concavité ou leur enfoncement au haut, d'autres au milieu, et quelques-uns tout au bas ; les nez convexes ou aquilins, sont encore de trois sortes, les uns sont relevés vers le haut, quelques autres au milieu, et d'autres en bas : enfin ceux dont la partie relevée est au milieu, peuvent l'avoir droite, ou convexe, ou plate.

CHAPITRE CXC. Moyen pour se souvenir de la forme d'un visage.

Si vous voulez retenir sans peine l'air d'un visage, apprenez premièrement à bien dessiner plusieurs têtes, et les parties qui distinguent le plus les hommes dans toutes les formes qu'elles peuvent avoir : ces parties sont la bouche, les yeux, le nez, le menton, le col et les épaules. Par exemple, les nez ont dix figures ou formes différentes ; il y en a de droits, de bossus, de creux ou d'enfoncés, de relevés plus haut ou plus bas que le milieu, d'aquilins, d'égaux, de plats ou d'écrasés, de ronds et d'aigus, qui sont tous propres à être vus de profil. Des nez qui sont propres à être vus de front, il s'en trouve d'onze formes différentes ; d'égaux, de gros au milieu, de gros par le bout, et déliés proche des sourcils, de déliés par en bas, et gros par le haut. Les narines et les ouvertures du nez font encore des différences qu'il faut remarquer : il y a des narines larges, d'autres étroites, de hautes, de basses, des ouvertures retroussées, d'autresrabattues et couvertes du bout du nez ; et ainsi vous trouverez quelques particularités dans les moindres parties, qu'il faudra que vous observiez sur le naturel pour en remplir votre imagination ; ou bien lorsque vous aurez à peindre un visage, ou quelqu'une de ses parties, portez des tablettes avec vous, où vous ayez dessiné les différentes parties dont je viens de parler, et après avoir jeté un coup-d'œil sur le visage de la personne que vous voulez peindre, vous examinerez dans votre recueil à quelle sorte de nez ou de bouche celle que vous voyez ressemble, et vous ferez quelque marque pour le reconnoître, et le mettre en œuvre quand vous serez au logis.

CHAPITRE CXCI. De la beauté des visages.

Il ne faut point faire au visage de muscles trop marqués et terminés durement ; mais les lumières se doivent perdre insensiblement, et se noyer dans des ombres tendres et douces à l'œil ; car de-là dépend toute la grâce et la beauté d'un visage.

CHAPITRE CXCII. De la position et de l'équilibre des figures.

Le creux de la gorge qui est entre les deux clavicules, doit tomber à-plomb sur le pied qui porte le corps ; si on étend un bras en devant, le creux sort de la ligne perpendiculaire au pied ; et si la jambe se jette en arrière, le creux de la gorge avance en devant, si bien qu'en chaque attitude il change de situation.

CHAPITRE CXCIII. *Que les mouvemens qu'on attribue aux figures, doivent exprimer leurs actions, et les sentimens qu'on suppose qu'elles ont.*

Une figure dont les mouvemens n'expriment pas les passions et les sentimens qu'elle a, n'agit point naturellement, et ces mouvemens qui ne sont point réglés par la raison, ni conduits avec jugement, font voir que le Peintre n'est pas fort habile. Une figure doit donc, pour agir naturellement, faire paroître beaucoup d'attention et d'application à ce qu'elle fait, et avoir des mouvemens sipropres à ce qu'ils représentent, qu'on ne puisse les faire servir ni les accommoder à aucun autre sujet.

CHAPITRE CXCIV. De la manière de toucher les muscles sur les membres nus.

Aux figures nues les muscles des membres doivent être ou plus ou moins découverts, et marqués selon qu'ils font plus ou moins d'effort ; et pour faire plus d'impression sur l'esprit de ceux qui voient votre tableau, et partager moins leur attention, ne faites voir que ceux des membres qui ont le plus de mouvement, et qui sont le plus employés à l'action que vous représentez, et que les muscles de ces membres soient mieux prononcés que ceux des autres membres, et touchés plus fort à proportion qu'ils travaillent davantage ; au contraire, les autres qui n'agissent point doivent être lents et mols.

CHAPITRE CXCV. Du mouvement et de la course de l'homme, et des autres animaux.

Quand l'homme se meut avec vîtesse ou lentement, la partie qui se trouve sur la jambe qui soutient le corps, doit toujours être plus basse que l'autre.

CHAPITRE CXCVI. De la différence de hauteur d'épaules qui se remarque dans les figures dans les différentes actions qu'elles font.

Les épaules ou les côtés de l'homme, ou des autres animaux, auront entre eux une plus grande différence de hauteur, lorsque tout le corps aura un mouvement plus lent ; et, au contraire, les parties de l'animal auront moins de différence en leur hauteur, quand le mouvement du corps entier sera plus prompt. Je l'ai prouvé dans mon Traité du mouvement local par ce principe, que tout grave pèse par la ligne de son mouvement ; de sorte qu'un Tout se mouvant vers quelque lieu, la partie qui lui est unie, suit la ligne la plus courte du mouvement de son tout, sans charger en aucune manière de son poids les parties collatérales de ce Tout.

CHAPITRE CXCVII. Objection.

ON objecte contre la première partie de ce que j'ai dit, qu'il ne s'ensuit pas nécessairement qu'un homme arrêté ou qui marche à pas lents, se trouve toujours dans un continuel équilibre de ses membres sur le centre de la gravité qui soutient le poids du corps entier, parce qu'il arrive souvent que l'homme fait tout le contraire, et qu'il se penche quelquefois sur le côté, quoique son corps ne porte que sur un pied, et quelquefois il décharge une partie de son poids sur la jambe qui n'est pas droite, c'est-à-dire, celle dont le genou est plié, comme il est représenté dans les figures B C. Je réponds à cela que ce qui n'a pas été fait par les épaules dans la figure C, se trouve fait par les hanches. Ainsi l'équilibre est toujours gardé de quelque manière que ce soit, et mon principe est vrai.

CHAPITRE CXCVIII. *Comment un homme qui retire son bras étendu, change l'équilibre qu'il avoit quand son bras étoit étendu.*

Un bras étendu envoie le centre de l'équilibre du corps de l'homme sur le pied qui porte le poids entier du corps, comme il paroît dans ceux qui, avec les bras étendus, marchent sur la corde sans autre bâton qui leur serve de contrepoids.

CHAPITRE CXCIX. *De l'homme et des autres animaux, lesquels dans leurs mouvemens lents n'ont pas le centre de gravité beaucoup éloigné du centre de leur soutien.*

Tout animal aura le centre des jambes sur lesquelles il se soutient, d'autant plus proche de la perpendiculaire du centre de sa gravité, qu'il sera plus lent dans son mouvement ; et, au contraire, celui-là aura le centre de son soutien plus éloigné de la perpendiculaire du centre de sa gravité, qui sera plus prompt dans ses mouvemens.

CHAPITRE CC. De l'homme qui porte un fardeau sur ses épaules.

L'ÉPAULE d'un homme qui porte un fardeau est toujours plus haute que l'autre épaule qui n'est point chargée ; cela se voit en la figure suivante, dans laquelle la ligne centrale de toute la pesanteur du corps de l'homme et de son fardeau, passe par la jambe qui soutient tout le poids. Si cela n'étoit ainsi, et si le poids du corps et du fardeau n'étoit partagé pour faire l'équilibre, il faudroit nécessairement que l'homme tombât à terre ; mais la nature dans ces occasions pourvoit à ce qu'une égale partie de la pesanteur du corps de l'homme, se jette de l'autre côté opposé à celui qui porte le fardeau étranger, pour lui donner l'équilibre et le contrepoids ; et cela ne se peut faire sans que l'homme se courbe du côté qui n'est pas chargé, jusques à ce que, par ce mouvement, il le fasse participer à ce poids accidentel dont il est chargé ; et cela ne se peut faire, si l'épaule qui soutient le poids ne se hausse, et si l'épaule qui n'est point chargée ne s'abaisse : et c'est le moyen que la nature fournit à l'homme pour se soulager dans ces occasions.

CHAPITRE CCI. De l'équilibre du corps de l'homme, lorsqu'il est sur ses pieds.

Le poids de l'homme qui se tient appuyé sur une des jambes seulement, sera toujours également partagé des deux côtés de la ligne perpendiculaire ou centrale qui le soutient.

CHAPITRE CCII. De l'homme qui marche.

L'HOMME qui marche aura le centre de sa pesanteur sur le centre de la jambe qui pose à terre.

CHAPITRE CCIII. De l'équilibre du poids de quelque animal que ce soit, pendant qu'il demeure arrêté sur ses jambes.

Le repos ou la cessation du mouvement dans un animal, lequel se tient sur ses pieds, vient de l'égalité ou de la privation d'inégalité qu'ont entre eux les poids opposés, lesquels le faisoient avancer par leur inégalité, et le tiennent en repos par leur égalité.

CHAPITRE CCIV. Des plis et des détours que fait l'homme dans les mouvemens de ses membres.

Lᴀ partie du corps sur laquelle l'homme se courbe, reçoit autant de diminution que l'autre partie opposée prend d'accroissement, et cette courbure peut enfin venir à être en proportion double à la partie qui s'étend. Je ferai un Traité particulier sur ce sujet.

CHAPITRE CCV. Des plis des membres.

AUTANT qu'un des côtés des membres qui se plient, s'allonge, autant la partie opposée se raccourcit ; mais la ligne centrale extérieure des côtés qui ne se peuvent plier aux membres qui se plient, ne se diminue ni ne s'augmente jamais dans sa longueur.

CHAPITRE CCVI. De l'équilibre, ou du contrepoids du corps.

Toute figure qui soutient sur soi et sur la ligne centrale de la masse de son corps, le poids de son corps, ou quelqu'autre poids étranger, doit jeter autant du poids naturel ou accidentel de l'autre côté opposé, qu'il en faudra pour faire un équilibre parfait autour de la ligne centrale qui part du centre de la partie du pied qui porte la charge, laquelle passe au travers de la masse entière du poids, et tombe sur cette partie des pieds qui pose à terre. On voit ordinairement qu'un homme qui lève un fardeau avec un des bras, étend naturellement au-delà de soi l'autre bras, et si cela ne suffit pas pour faire le contrepoids, il y met encore de son propre poids, en courbant le corps autant qu'il faut pour pouvoir soutenir le fardeau dont il est chargé. On voit encore que celui qui va tomber à la renverse étend toujours un des bras, et le porte vers la partie opposée.

CHAPITRE CCVII. Du mouvement de l'homme.

QUAND vous voulez faire qu'un homme remue quelque fardeau, considérez que les mouvemens doivent être faits par diverses lignes ; c'est-à-dire, ou de bas en haut, avec un mouvement simple, tel que fait celui qui s'étant baissé prend un fardeau qu'il veut hausser en se relevant, ou bien, quand il veut traîner quelque chose derrière lui ou le pousser en devant, ou bien pour tirer en bas avec une corde qui soit passée dans une poulie. Il faut ici remarquer que le poids du corps de l'homme tire d'autant plus, que le centre de sa pesanteur est éloigné du centre de l'axe qui le soutient : il faut encore ajouter à cela l'effort que font les jambes et les reins courbés pour se redresser. Jamais on ne marche, soit en montant, soit en descendant, que le talon du pied de derrière ne se hausse.

CHAPITRE CCVIII. Du mouvement qui est produit par la perte de l'équilibre.

Tout mouvement est produit par la perte de l'équilibre, c'est-à-dire, de l'égalité, parce qu'il n'y a aucune chose qui se meuve d'elle-même, sans qu'elle sorte de son équilibre, et le mouvement est d'autant plus prompt et plus violent, que la chose s'éloigne davantage de son équilibre.

CHAPITRE CCIX. De l'équilibre des figures.

Si la figure est appuyée sur un de ses pieds, l'épaule de ce côté là sera toujours plus basse que l'autre, et le creux de la gorge sera perpendiculairement sur le milieu de la jambe qui soutient le corps : il en arrivera de même en toute autre ligne, où nous verrons cette figure lorsqu'elle est sans avoir le bras beaucoup en saillie en dehors, ou sans quelque charge sur le dos, ou dans la main, ou sur l'épaule, ou sans écarter la jambe qui ne soutient pas le corps, ou en devant ou en arrière.

CHAPITRE CCX. De la bonne grâce des membres.

IL faut que les membres soient proportionnés au corps avec une grâce qui puisse exprimer ce que vous voulez représenter par votre figure ; et si elle doit paroître agréable et noble, vous lui donnerez des membres sveltes et nobles, qui n'aient point de muscles trop marqués ; vous toucherez même légèrement et d'une manière douce, ceux qu'il est nécessaire de faire paroître, et que les membres, principalement les bras, ne soient point noués et roides, c'est-à-dire, qu'aucun membre ne soit étendu en ligne droite avec le membre qui lui est joint ; et s'il se trouve qu'à cause de la position de la figure, la hanche droite soit plus haute que la gauche, vous ferez tomber à-plomb la jointure de l'épaule qui est la plus haute, sur la partie la plus élevée du côté gauche, et que cette épaule droite soit plus basse que la gauche ; que le creux de la gorge soit toujours directement sur le milieu de la jointure du pied qui porte la figure ; que la jambe qui ne soutient pas le corps ait son genou plus bas que l'autre genou, et proche de l'autre jambe. Pour ce qui est des attitudes de la tête et des deux bras, elles sont presque infinies, c'est pourquoi je ne veux point en donner des règles particulières ; j'avertirai seulement qu'elles doivent être libres, aisées, gracieuses, variées de plusieurs manières, de peur que les membres ne paroissent roides, comme s'ils étoient de bois.

CHAPITRE CCXI. De la liberté des membres, et de leur facilité à se mouvoir.

Pour ce qui concerne la liberté des membres, il faut prendre garde qu'ayant à représenter quelqu'un, qui, par hasard, soit obligé de se tourner en arrière ou de côté, vous ne lui fassiez point poser les pieds et tous les membres vers le même endroit où il tournera la tête, mais il sera mieux de partager cette action avec quelque sorte de contraste et de diversité dans les quatre jointures, qui sont celles des pieds, celles des genoux, celles des flancs, celles du col ; et si la figure étoit appuyée sur la jambe droite, le genou gauche sera plié et retiré en arrière, et son pied un peu élevé en dehors, et l'épaule gauche un peu plus haute que la droite, et la nuque du col se rencontrera au même lieu où la cheville extérieure du pied gauche sera tournée, l'épaule gauche sur la pointe du pied droit en ligne perpendiculaire : tenez aussi pour une maxime générale, que la tête de vos figures ne soit point tournée du même côté que la poitrine, puisque la nature a fait pour notre commodité que le col se tourne facilement pour porter les yeux de différens côtés, lorsque nous voulons regarder autour de nous : il en est à-peu-près de même des autres jointures, qui sont mobiles pour le service et pour les besoins de l'homme ; et si vous représentez un homme assis, qui ait besoin de travailler de ses bras à quelque chose qui soit à côté de lui, il doit avoir l'estomac tourné sur la jointure du flanc.

CHAPITRE CCXII. *D'une figure seule hors de la composition d'une histoire.*

Il ne faut point encore voir un même mouvement de membre répété dans une figure que vous feignez être seule : par exemple, si elle court seule, qu'elle n'ait pas les deux mains jetées en devant, mais si l'une est devant, que l'autre soit derrière, parce qu'autrement elle ne pourroit courir ; et si le pied droit avance en devant, que le bras droit reste derrière, et que le gauche se trouve devant ; car sans ce contraste des membres, et cette contrariété de leurs mouvemens, il n'est pas possible de bien courir ; si quelque autre figure suit celle-ci, et qu'elle porte une des jambes un peu en devant, faites que l'autre jambe se trouve sous la tête, et que le bras du même côté fasse un mouvement contraire, et passe devant. Je parlerai plus amplement de cette matière dans le livre des Mouvemens.

CHAPITRE CCXIII. *Quelles sont les principales et les plus importantes choses qu'il faut observer dans une figure.*

En dessinant des figures, il faut avoir principalement attention à bien asseoir la tête sur les épaules, le buste sur les hanches, et les hanches et les épaules sur les pieds.

CHAPITRE CCXIV. Que l'équilibre d'un poids doit se trouver sur le centre, ou plutôt autour du centre de la gravité des corps.

La figure qui demeure ferme sur ses pieds sans se mouvoir, fera un équilibre de tous ses membres autour de la ligne centrale sur laquelle elle se soutient, c'est-à-dire, que si la figure qui est sans mouvement, étant appuyée sur ses pieds, vient à jeter en devant un de ses bras, elle doit porter en même temps vers le côté opposé un autre membre, ou une partie de son poids qui soit égale à ce qu'elle a porté en devant ; et cela se doit entendre généralement de chaque partie qui saillira hors de son Tout contre l'ordinaire.

CHAPITRE CCXV. De la figure qui doit remuer ou élever quelque poids.

Jamais un homme ne pourra remuer ou soulever un fardeau, qu'il ne tire de soi-même un poids plus qu'égal à celui qu'il veut lever, et qu'il ne le porte de l'autre côté opposé à celui où est le fardeau qu'il veut lever.

CHAPITRE CCXVI. De l'attitude des hommes.

Il faut que les attitudes des figures dans tous les membres soient tellement disposées, et aient une telle expression, que par elles on puisse connoître ce qu'elles veulent représenter.

CHAPITRE CCXVII. Différences d'attitudes.

On exprime les actions dans les figures d'hommes, d'une manière conforme à leur âge et à leur qualité, et on fait les figures différentes selon l'espèce ou le sexe de mâle ou de femelle.

CHAPITRE CCXVIII. Des attitudes des figures.

UN Peintre doit remarquer les attitudes et les mouvemens des hommes immédiatement après qu'ils viennent d'être produits par quelque accident subit, et il doit les observer sur le champ, et les esquisser sur ses tablettes pour s'en souvenir, et n'attendre pas, par exemple, que l'action de pleurer soit contrefaite par quelqu'un qui n'auroit point sujet de pleurer, pour en étudier l'expression sur ce modèle, parce qu'une telle action n'ayant point une véritable cause, elle ne sera ni prompte ni naturelle ; mais il est fort avantageux d'avoir auparavant remarqué chaque action dans la nature même, et ensuite de faire tenir un modèle dans cette même disposition, pour s'aider un peu l'imagination, et tâcher d'y découvrir encore quelque chose qui fasse au sujet, et puis peindre d'après.

CHAPITRE CCXIX. *Des actions de ceux qui se trouvent présens à quelque accident considérable.*

Tous ceux qui se trouvent présens à quelque accident digne d'être remarqué, font diverses expressions d'admiration, en considérant ce qui se passe, comme lorsque la justice fait punir les criminels ; ou, si le sujet est de piété, tous les assistans lèvent les yeux avec différentes marques de dévotion vers cet objet, comme à l'élévation de l'hostie pendant la messe, et en d'autres semblables cérémonies ; ou si c'est quelque extravagance qui fasse rire, ou qui donne de la compassion, en ce cas il n'est pas nécessaire que les spectateurs aient tous les yeux tournés vers cet objet, mais ils peuvent faire divers mouvemens ; et il est bon de les partager en différens groupes de personnes qui s'assemblent pour marquer leur joie ou leur tristesse. Si c'est quelque sujet terrible qui inspire de la frayeur, il fait faire à ceux qui fuient, des visages pâles et étonnés avec une grande démonstration de peur, et que la fuite soit diversement exprimée par leurs mouvemens, comme nous dirons au livre des Mouvemens.

CHAPITRE CCXX. De la manière de peindre le nu.

Ne faites jamais une figure délicate et d'une taille svelte avec des muscles trop relevés et trop marqués, parce que les hommes de cette taille n'ont jamais beaucoup de chair sur les os ; mais ils sont sveltes et légers faute de chair ; et où il n'y a guère de chair les muscles ne peuvent avoir beaucoup de relief.

CHAPITRE CCXXI. D'où vient que les muscles sont gros et courts.

Les hommes musculeux ont les os épais et sont d'une taille grosse et courte, et ont peu de graisse, parce que les muscles charnus en croissant se resserrent l'un avec l'autre, et la graisse qui se glisse ordinairement entre eux n'y a point de place ; et les muscles dans ces corps qui ont peu de graisse, étant contigus, et ne se pouvant étendre, ils prennent leur accroissement en grosseur, et ilscroissent et se fortifient davantage dans la partie qui est la plus éloignée des extrémités, c'est-à-dire, vers le milieu de leur largeur et de leur longueur.

CHAPITRE CCXXII. Que les personnes grasses n'ont pas de gros muscles.

Encore que les hommes gras soient quelquefois courts et gros, aussi bien que les musculeux, desquels nous venons de parler, ils ont néanmoins les muscles petits, mais leur peau couvre beaucoup de chair spongieuse et molle, c'est-à dire, pleine d'air, c'est pourquoi ces hommes gras nagent mieux, et se soutiennent plus facilement sur l'eau que ceux qui ont le corps musculeux, lesquels ont moins d'air entre la peau.

CHAPITRE CCXXIII. *Quels sont les muscles qui disparoissent selon les divers mouvemens de l'homme.*

En haussant les bras ou les baissant, les muscles de l'estomac, ou disparoissent, ou prennent un plus grand relief ; les hanches aussi font le même effet quand on les plie en dehors ou en dedans, et il se fait plus de variété aux épaules, aux flancs et au col, qu'en aucune autre jointure du corps, parce que leurs mouvemens sont en plus grand nombre que ceux des autres parties. J'en ferai un Traité particulier.

CHAPITRE CCXXIV. Des muscles.

Les membres des jeunes gens ne doivent pas être marqués de muscles forts et relevés, parce qu'ils marquent une vigueur d'homme fait et tout formé, et la jeunesse n'est pas encore arrivée à cette maturité et à cette dernière perfection ; mais il faut toucher les muscles avec plus ou moins de force, selon qu'ils travaillent plus ou moins : car ceux qui font quelque effort paroissent toujours plus gros et plus relevés que ceux qui demeurent en repos, et jamais les lignes centrales du dedans des membres qui sont pliés ne demeurent dans la situation en long qu'elles ont naturellement.

CHAPITRE CCXXV. *Que le nu où l'on verra distinctement tous les muscles ne doit point faire de mouvement.*

Le nu où tous les muscles sont marqués avec un grand relief, doit demeurer ferme sans se mouvoir ; parce qu'il n'est pas possible que le corps se remue, si une partie des muscles ne se relâche quand les muscles antagonistes qui leur sont opposés sont en action, et ceux qui sont en repos cessent de paroître, à mesure que ceux qui travaillent se découvrent davantage, et sont plus enflés.

CHAPITRE CCXXVI. Que dans les figures nues il ne faut pas que tous les muscles soient entièrement et également marqués.

Les figures nues ne doivent pas avoir les muscles trop marqués, ou prononcés trop exactement, parce que cette expression est désagréable à l'œil, et difficile à exécuter ; mais il faut que les muscles soient beaucoup plus marqués du côté que les membres se porteront à leur action : car la nature des muscles dans l'opération est de ramasser leurs parties ensemble, et de les fortifier en les unissant, de sorte que plusieurs de celles qui auparavant ne paroissoient point, se découvrent en se réunissant pour agir ensemble.

CHAPITRE CCXXVII. De l'extension et du raccourcissement des muscles.

Le muscle qui est derrière la cuisse fait une plus grande variété dans son extension et dans sa contraction, qu'aucun autre muscle qui soit dans l'homme ; le second muscle est celui qui forme les fesses ; le troisième celui de l'échine ; le quatrième celui de la gorge ; le cinquième celui des épaules ; le sixième celui de l'estomac : ce muscle prend sa naissance sous les mamelles, et se va rendre sous le petit ventre, comme je l'expliquerai dans le Traité général des Muscles.

CHAPITRE CCXXVIII. *En quelle partie du corps de l'homme se trouve un ligament sans muscle.*

Au poignet du bras, environ à quatre doigts de la paume de la main, on trouve un ligament, le plus grand qui soit dans le corps de l'homme ; il est sans muscle, et a sa naissance dans le milieu d'un des fuciles du bras, et va finir au milieu de l'autre fucile : sa forme est quarrée, il est large d'environ trois doigts, et épais d'un demi-doigt : ce ligament sert seulement à tenir serrés ensemble les deux fuciles des bras, et empêcher qu'ils ne se dilatent.

CHAPITRE CCXXIX. Des huit osselets qui sont au milieu des ligamens, en diverses jointures du corps de l'homme.

Il se forme dans les jointures du corps de l'homme de petits os, qui sont stables au milieu des ligamens qui attachent quelques-unes des jointures, comme les rotules des genoux, les jointures des épaules, de la poitrine et des pieds, lesquelles sont au nombre de huit : il n'y en a qu'une à chaque épaule et à chaque genou ; mais chaque pied en a deux, sous la première jointure des gros orteils, et vers le talon, et ceux-ci deviennent fort durs quand l'homme approche de la vieillesse.

CHAPITRE CCXXX. Du muscle qui est entre les mamelles et le petit ventre.

IL y a un certain muscle qui naît entre les mamelles et le petit ventre, ou plutôt qui aboutit au petit ventre : ce muscle a trois facultés, parce qu'il est divisé dans sa largeur par trois ligamens ; savoir, le muscle supérieur, qui est le premier, ensuite duquel est un des ligamens aussi large que ce muscle ; puis en descendant on trouve le second muscle joint au second ligament ; enfin suit le troisième muscle, avec le troisième ligament, qui est uni et adhérent à l'os pubis du petit ventre ; et ces trois muscles avec ces trois ligamens ont été faits par la nature, à cause du grand mouvement qui arrive au corps de l'homme lorsqu'il se courbe et qu'il se renverse, par le moyen de ce muscle, lequel, s'il n'eût point été ainsi partagé, auroit produit un trop grand effet par son extension et sa contraction ; et lorsque ce muscle aura le moins de variété dans ses mouvemens, le corps en sera plus beau : car si ce muscle se doit étendre de neuf doigts, et se retirer après d'autant, chaque partie de ce muscle n'aura pas plus de trois doigts, si bien que leur forme en sera fort peu changée, aussi bien que la beauté générale de tout le corps.

CHAPITRE CCXXXI. De la plus grande contorsion que le corps de l'homme puisse faire en se tournant en arrière.

Le terme de la contorsion que l'homme peut faire en tournant la tête en arrière, est de tourner le corps de telle sorte que le visage soit en face, vis-à-vis des talons, en ligne perpendiculaire, et cela ne se fait pas sans peine ; il faut même pour cela, outre la flexion du col, plier encore la jambe, et baisser l'épaule du côté que la tête est tournée : la cause de ce détour sera expliquée dans mon Traité d'Anatomie, où je marquerai quels muscles servent les premiers et les derniers à cette action.

CHAPITRE CCXXXII. *Combien un bras se peut approcher de l'autre bras derrière le dos.*

Des bras qu'on porte derrière le dos, les coudes ne peuvent jamais s'approcher plus près que de la longueur qu'il y a depuis le coude jusqu'au bout des plus longs doigts ; c'est-à-dire, que la plus grande proximité que peuvent avoir les deux coudes en cet état, ne sauroit être que de l'étendue qu'il y a du coude à l'extrémité du plus grand doigt de la main, et les bras ainsi placés forment un quarré parfait ; la plus grande extension du bras dessus l'estomac, est de pouvoir porter le coude jusques au milieu de l'estomac, et alors le coude avec les épaules et les deux parties du bras forment ensemble un triangle équilatéral.

CHAPITRE CCXXXIII. De la disposition des membres de l'homme qui se prépare à frapper de toute sa force.

Lorsqu'un homme se dispose à donner un coup avec violence, il se plie et se détourne autant qu'il peut du côté contraire à celui où il a dessein de frapper, et là il ramasse toute la force qu'il a, il la porte et la décharge ensuite sur la chose qu'il atteint par le mouvement composé ; c'est-à-dire, par exemple, de son bras et du bâton dont il est armé.

CHAPITRE CCXXXIV. De la force composée de l'homme, et premièrement de celle des bras.

Les deux muscles qui servent au mouvement du grand fucile du bras, pour l'étendre et le retirer, prennent leur naissance vers le milieu de l'os nommé *Adjutorium*, l'un derrière l'autre ; celui de derrière étend le bras, et l'autre qui est devant le plie. Or, pour savoir si l'homme aura plus de force en tirant à soi ou en poussant, je l'ai prouvé dans mon Traité des Poids par ce principe, qu'entre les poids d'égale pesanteur, celui-là doit être plus fort qui sera plus éloigné du milieu de leur balance ; d'où il s'ensuit que N B et N C étant deux muscles d'égale force, celui de devant qui est N C sera plus fort que le muscle N B, qui est derrière, parce qu'il est attaché au bras en C, lieu plus éloigné du milieu du bras ou du coude A, que ne l'est B, lequel est au-delà du milieu, mais cette force est simple, et j'ai dû en parler d'abord devant que de rien dire de la force composée, dont il faut maintenant que je parle. J'appelle force composée, lorsqu'en faisant quelque action avec les bras, on y ajoute une seconde puissance, telle que la pesanteur du corps, l'effort des jambes et des reins, pour tirer ou pour pousser. L'usage de cette force composée consiste à faire effort des bras et du dos, et à bien étendre le corps et les jambes, comme on le voit faire à deux hommes qui veulent abattre une colonne, et dont l'un la pousse et l'autre la tire.

CHAPITRE CCXXXV. En quelle action l'homme a plus de force ou lorsqu'il tire à soi, ou lorsqu'il pousse.

L'HOMME a beaucoup plus de force lorsqu'il tire à soi que quand il pousse, parce qu'en tirant, les muscles des bras, qui ne servent qu'à tirer, se joignent à ceux qui servent à pousser, agissent avec eux et augmentent leur force ; mais lorsque le bras est étendu tout droit pour pousser, les muscles qui donnent au coude son mouvement ne servent de rien à cette action, et ils ne font pas plus d'effort que si l'homme tenoit l'épaule appuyée contre la chose qu'il veut remuer du lieu où elle est : or il n'y a point de nerfs ni de muscles qui contribuent à cet effet, que ceux qui servent à redresser les reins courbés, et ceux qui redressent la jambe pliée, qui sont sous la cuisse et au gras de la jambe ; d'où il s'ensuit que pour tirer à soi plusieurs forces, savoir celles des bras, des jambes, du dos et même de l'estomac, selon que le corps est plus ou moins courbé, s'unissent et agissent ensemble ; mais quand il faut pousser, quoique les mêmes parties y concourent, néanmoins la force des bras y est sans effet ; parce qu'à pousser avec un bras étendu tout droit et sans mouvement, elles n'aident guère davantage que si on avoit un morceau de bois entre l'épaule et la chose que l'on pousse.

CHAPITRE CCXXVI. Des membres plians, et de ce que fait la chair autour de la jointure où ils se plient.

La chair dont la jointure des os est revêtue, et les autres choses qui l'environnent et qui sont adhérentes à ces mêmes os, s'enflent et diminuent en grosseur, selon le pli ou l'extension des membres dont nous parlons ; c'est-à-dire, qu'elles croissent et s'enflent par le côté intérieur de l'angle formé par le pli des membres, et qu'elles s'allongent et s'étendent par le dehors de l'angle extérieur, et ce qui se trouve au milieu du pli de ces membres participe à l'accroissement et à la diminution, mais plus ou moins, selon que ces angles sont plus proches ou plus éloignés de la jointure.

CHAPITRE CCXXXVII. Si l'on peut tourner la jambe sans tourner aussi la cuisse.

Il est impossible de tourner la jambe depuis le genou jusqu'en bas, sans tourner aussi la cuisse par le même mouvement ; cela vient de ce que la jointure de l'os du genou est emboîtée dans l'os de la cuisse et assemblée avec celui de la jambe, et cette jointure ne se peut mouvoir en avant ni en arrière, qu'autant qu'il faut pour marcher et pour se mettre à genoux ; mais elle ne peut jamais se mouvoir par le côté, parce que les assemblages qui composent la jointure du genou ne s'y trouvent pas disposés : car si cet emboîtement étoit pliable en tout sens, comme celui de l'os adjutoire qui est à l'épaule, ou comme celui de la cuisse qui joint la hanche, l'homme auroit le plus souvent les jambes pliées aussi bien par les côtés qu'en devant et en arrière, et elles seroient presque toujours de travers ; de plus cette jointure est seulement pliable en devant et non en arrière, et par son mouvement en devant, elle ne peut que rendre la jambe droite, parce que si elle plioit en arrière, l'homme ne pourroit se lever en pied quand il seroit une fois à genoux ; car pour se relever quand il est à genoux, il jette premièrement tout le poids du corps sur un des genoux en déchargeant l'autre, et au même temps l'autre jambe qui ne sent plus d'autre charge que son propre poids, lève aisément le genou et pose à terre toute la plante du pied ; après quoi il fait retourner tout le poids sur ce pied, appuyant la main sur son genou ; et en même temps allongeant le bras qui soutient le corps, il hausse la tête, il étend et dresse la cuisse avec l'estomac, et se lève droit sur ce pied qui pose à terre, jusqu'à ce qu'il ait aussi levé l'autre jambe.

CHAPITRE CCXXXVIII. Des plis de la chair.

La chair aux plis des jointures est toujours ridée par le côté opposé à celui où elle est tendue.

CHAPITRE CCXXXIX. Du mouvement simple de l'homme.

On appelle mouvement simple, celui qu'il fait en se pliant simplement, en devant ou en arrière.

CHAPITRE CCXL. Du mouvement composé.

Le mouvement composé est celui qui, pour produire quelque action, oblige de plier le corps en bas et de travers en même temps ; ainsi un Peintre doit prendre garde à faire les mouvemens composés, de telle sorte qu'ils soient entièrement observés en toute l'étendue du sujet qu'il traite, c'est-à-dire, qu'ayant fait une figure dans une attitude composée, selon qu'il est nécessaire à son histoire, il n'en affoiblisse point l'expression en l'accompagnant d'une autre, qui, tout au contraire, fasse une action simple et sans aucun rapport au sujet.

CHAPITRE CCXLI. *Des mouvemens propres du sujet, et qui conviennent à l'intention et aux actions des figures.*

Il faut que les mouvemens de vos figures montrent la quantité de force qu'elles doivent raisonnablement employer, selon la différence des actions qu'elles font ; c'est-à-dire, que vous ne fassiez pas faire le même effort à celui qui ne lèveroit qu'un bâton, que vous feriez faire à un autre qui voudroit lever une grosse poutre : ayez donc soin que l'expression de leur effort soit proportionnée à la qualité de leur travail et au fardeau qu'ils remuent.

CHAPITRE CCXLII. Du mouvement des figures.

Ne faites jamais les têtes droites sur le milieu des épaules, mais toujours un peu tournée à droite ou à gauche, quand même elles regarderoient en haut ou en bas, ou même tout droit à la hauteur des yeux, parce qu'il est nécessaire de leur donner quelque attitude qui fasse paroître du mouvement et de la vie ; et ne dessinez jamais une figure toute de profil, ou toute de front, ou par le dos, en sorte qu'on voye les parties qui sont situées au milieu du corps tomber à-plomb, comme par alignement les unes sur les autres ; et si quelque circonstance particulière vous oblige de le faire, faites-le aux figures des vieillards, auxquels cela convient mieux qu'aux autres, à cause de leur lenteur naturelle, et ne répétez jamais les mêmes actions des bras ou des jambes, non-seulement dans une même figure, mais encore dans toutes celles qui sont proches ou autour de cette figure, pourvu toutefois que le sujet que vous traiterez n'oblige point à faire autrement.

CHAPITRE CCXLIII. Des actions et des gestes qu'on fait quand on montre quelque chose.

Dans les actions où l'on montre de la main quelque chose proche, ou par l'intervalle du temps, ou par l'espace du lieu, il faut que la main qui nous la montre ne soit pas trop éloignée de celui qui montre, lequel ne doit pas avoir le bras trop étendu ; mais si cette même chose est éloignée, il faut aussi que le bras soit fort étendu et la main fort éloignée de celui qui montre, et que le visage de celui qui montre soit tourné vers celui auquel il parle.

CHAPITRE CCXLIV. De la variété des visages.

L'AIR des visages doit être varié selon la diversité des accidens qui surviennent à l'homme pendant qu'il travaille ou qu'il est en repos, lorsqu'il pleure, qu'il rit, qu'il crie, qu'il est saisi de crainte, ou ému de quelque autre passion ; il faut encore que chaque membre de la figure, et toute son attitude, aient un rapport naturel à la passion qui est exprimée sur le visage.

CHAPITRE CCXLV. Des mouvemens convenables à l'intention de la figure qui agit.

Il y a des mouvemens de l'ame qui s'expriment sans action du corps, et d'autres qui sont accompagnées de l'action du corps ; les mouvemens de l'ame sans l'action du corps, laissent tomber les bras, les mains et toutes les autres parties qui sont plus agissantes, et ordinairement plus en mouvement que les autres ; mais les mouvemens de l'ame qui sont accompagnés de l'action du corps, tiennent les membres en des attitudes convenables à l'intention de l'esprit et au mouvement de l'ame ; et il y a beaucoup de choses à dire sur ce sujet. Il se trouve encore un troisième mouvement qui participe de l'un et de l'autre ; et un quatrième tout particulier, lequel ne tient d'aucun d'eux : ces deux dernières sortes de mouvemens sont ceux d'un insensé ou d'un furieux : on doit les rapporter au Chapitre de la folie et des grotesques, dont les moresques sont composées.

CHAPITRE CCXLVI. Comment les actions de l'esprit et les sentimens de l'ame font agir le corps par des mouvemens faciles et commodes au premier degré.

Le mouvement de l'esprit fait mouvoir le corps par des actions simples et faciles, sans le porter d'aucun côté, parce que son objet est dans l'esprit, lequel n'émeut point les sens quand il est occupé en lui-même.

CHAPITRE CCXLVII. Du mouvement qui part de l'esprit à la vue d'un objet qu'on a devant les yeux.

L<small>E</small> mouvement qui est excité dans l'homme par la présence d'un objet, peut être produit immédiatement ou médiatement ; s'il est produit immédiatement, celui qui se meut tourne d'abord vers l'objet les yeux, c'est-à-dire, le sens qui lui est le plus nécessaire pour le reconnoître et l'observer ; en même temps cet homme tient les pieds immobiles en leur place, et détourne seulement les cuisses, les hanches et les genoux vers le côté où se portent les yeux : et ainsi en de semblables rencontres, il faudra faire des observations exactes sur tous les mouvemens qui s'y remarquent.

CHAPITRE CCXLVIII. Des mouvemens communs.

La variété des mouvemens dans les hommes est pareille à celle des accidens qui leur arrivent et des fantaisies qui leur passent par l'esprit, et chaque accident fait plus ou moins d'impression sur eux, selon leur tempérament, leur âge et le caractère de leurs passions ; parce que, dans la même occasion, les mouvemens d'un jeune homme sont tout autres que ceux d'un vieillard, et ils doivent être exprimés tout autrement.

CHAPITRE CCXLIX. Du mouvement des animaux.

Tout animal à deux pieds, dans son mouvement, baisse plus la partie qui est sur le pied qu'il lève, que celle qui est sur le pied qu'il pose à terre, et sa partie la plus haute fait le contraire ; ce qui se remarque aux hanches et aux épaules de l'homme pendant qu'il marche : et la même chose arrive aux oiseaux dans leur tête et leur croupion.

CHAPITRE CCL. Que chaque membre doit être proportionné à tout le corps, dont il fait partie.

Faites que chaque partie d'un tout soit proportionnée à son tout ; comme si un homme est d'une taille grosse et courte, faites que la même forme se remarque en chacun de ses membres, c'est-à-dire, qu'il ait les bras courts et gros, les mains de même larges et grosses, les doigts courts avec leurs jointures pareilles, et ainsi du reste.

CHAPITRE CCLI. De l'observation des bienséances.

Observez la bienséance en vos figures ; c'est-à-dire, dans leurs actions, leur démarche, leur situation et les circonstances de la dignité ou peu de valeur des choses, selon le sujet que vous voulez représenter. Par exemple, dans la personne d'un roi, il faut que la barbe, l'air du visage, et l'habillement soient graves et majestueux ; que le lieu soit bien paré ; que ceux de sa suite fassent paroître du respect, de l'admiration ; qu'ils aient un air noble ; qu'ils soient richement vêtus d'habits sortables à la grandeur et à la magnificence de la cour d'un roi. Au contraire, dans la représentation de quelque sujet bas, les personnes paroîtront méprisables, mal vêtues, de mauvaise mine, et ceux qui sont autour auront le même air, et des manières basses, libres et peu réglées, et que chaque membre ait du rapport à la composition générale du sujet et au caractère particulier de chaque figure ; que les actions d'un vieillard ne ressemblent point à celles d'un jeune homme, ni celles d'une femme à celles d'un homme, ni celles d'un homme fait à celles d'un petit enfant.

CHAPITRE CCLII. Du mélange des figures, selon leur âge et leur condition.

Ne mêlez point une certaine quantité de petits enfans avec pareil nombre de vieillards, ni de jeunes hommes de condition avec des valets, ni des femmes parmi des hommes, si le sujet que vous voulez représenter ne le demande absolument.

CHAPITRE CCLIII. Du caractère des hommes qui doivent entrer dans la composition de chaque histoire.

Pour l'ordinaire, faites entrer peu de vieillards dans les compositions d'histoires, et qu'ils soient encore séparés des jeunes gens, parce qu'en général il y a peu de vieilles gens, et que leur humeur n'a point de rapport avec celle de la jeunesse ; et où il n'y a point de conformité d'humeur, il ne peut y avoir d'amitié, et sans l'amitié une compagnie est bientôt séparée : de même aussi, dans les compositions d'histoires graves et sérieuses, où l'on représente des assemblées qui se tiennent pour des affaires d'importance, que l'on y voye peu de jeunes gens, parce qu'ordinairement les jeunes gens ne sont pas chargés de ces sortes d'affaires, ils ne prennent pas volontiers conseil, et ils n'aiment pas se trouver à de pareilles assemblées.

CHAPITRE CCLIV. Comment il faut représenter une personne qui parle à plusieurs autres.

Avant que de faire une figure qui ait à parler à plusieurs personnes, il faudra considérer la matière dont elle doit les entretenir, pour lui donner une action conforme au sujet ; c'est-à-dire, s'il est question de les persuader, qu'on le reconnoisse par ses gestes ; et si la matière consiste à déduire diverses raisons, faites que celui qui parle prenne, avec deux doigts de la main droite, un des doigts de sa main gauche, tenant serrés les deux autres de la même main, qu'il ait le visage tourné vers l'assemblée, avec la bouche à demi-ouverte, en sorte qu'on voie qu'il parle ; et s'il est assis, qu'il semble se vouloir lever debout, portant la tête un peu en avant ; et si vous le représentez debout, faites qu'il se courbe un peu, ayant le corps et le visage tournés vers l'assemblée, laquelle doit paroître attentive et dans un grand silence : que tous aient les yeux attachés sur celui qui parle, et qu'ils fassent paroître qu'ils l'admirent. On peut représenter quelque vieillard qui fasse connoître qu'il admire ce qu'il entend, en tenant la bouche fermée et les lèvres serrées, et se formant des rides aux coins de la bouche, au bas des joues et au front, par les sourcils, qu'il élèvera vers le milieu du visage du côté du nez. Que d'autres se tiennent assis, et qu'ayant les doigts des mains entrelacés, ils embrassent leur genou gauche. Que quelque vieillard ait un genou croisé sur l'autre, et que le coude s'appuyant sur le genou, la main soutienne le menton, qui sera couvert d'une barbe vénérable.

CHAPITRE CCLV. Comment il faut représenter une personne qui est fort en colère.

Si vous représentez quelqu'un qui soit fort en colère, faites-lui prendre quelqu'un aux cheveux, et que lui pressant le côté avec le genou, il lui tourne la tête contre terre, et paroisse prêt à le frapper, en tenant le bras droit haut et le poing fermé : il faut que ce furieux grince des dents, qu'il ait les cheveux hérissés, les sourcils bas et serrés, et les côtés de la bouche courbés en arc, le col gros, enflé, et tout sillonné de plis par-devant vers le côté qu'il se penche sur son ennemi.

CHAPITRE CCLVI. Comment on peut peindre un désespéré.

Un désespéré peut être représenté avec un couteau à la main, dont il se perce, après avoir déchiré ses habits, et s'être arraché les cheveux. Que d'une main il ouvre et augmente sa plaie ; il sera debout, ayant les pieds écartés, et les jambes un peu pliées, le corps penché et comme tombant par terre.

CHAPITRE CCLVII. Des mouvemens qu'on fait en riant et en pleurant, et de leur différence.

Entre celui qui rit et celui qui pleure, il n'y a guère de différence aux yeux, à la bouche, ni aux joues ; mais il y en a dans l'enflure et la roideur des sourcils, qui se joignent dans celui qui pleure, et qui sont plus hauts et plus étendus dans celui qui rit. On peut faire encore que celui qui pleure déchire ses habits, et fasse d'autres actions semblables ou différentes, selon les divers sujets de son affliction ; parce que quelqu'un pourroit pleurer de colère, un autre d'appréhension ; l'un de tendresse et de joie, l'autre par soupçon ; quelqu'un de douleur et parle sentiment de quelque mal, un autre par compassion et de regret d'avoir perdu ses parens ou ses amis : les expressions de douleur, de tristesse, de chagrin, sont fort différentes quand on pleure ; ainsi, faites que l'un paroisse entièrement désespéré, que l'autre montre plus de modération, qu'un autre se contente de pleurer et de verser des larmes, tandis qu'un autre fait des cris ; que quelques-uns lèvent les yeux vers le ciel, ayant les bras pendans avec les mains jointes et les doigts entrelacés, et que d'autres pleins d'appréhension haussent les épaules jusqu'aux oreilles : c'est ainsi qu'il faut varier l'expression de la même passion, suivant les différens sujets que vous avez à traiter. Celui qui verse des larmes hausse les sourcils vers leur jointure, et les approche l'un de l'autre, et forme des rides sur les côtés et au milieu de la bouche en bas ; mais celui qui rit, a les côtés de la bouche élevés, et les sourcils droits et bien étendus.

CHAPITRE CCLVIII. De la position des figures d'enfans et de vieillards.

La disposition des jambes dans les enfans et dans les vieillards, ne doit point marquer ordinairement des mouvemens prompts et des actions trop vives.

CHAPITRE CCLIX. *De la position des figures de femmes et de jeunes gens.*

Il ne sied pas bien aux femmes et aux jeunes gens d'être dans des attitudes où les jambes soient écartées, parce que cette contenance paroît trop libre ; mais au contraire les jambes serrées sont une marque de modestie.

CHAPITRE CCLX. De ceux qui sautent.

La nature apprend d'elle-même sans aucun raisonnement à ceux qui sautent, que quand ils veulent s'élever, il faut qu'ils haussent les bras et les épaules avec impétuosité ; ces parties suivant cet effort se meuvent ensemble avec une grande partie du corps pour le soulever et les porter en haut, jusqu'à ce que leur effort ait cessé : cet effort est accompagné d'une prompte extension du corps qui s'étoit tendu comme un ressort le long des reins, en se courbant par le moyen des jointures des cuisses, des genoux et des pieds ; le corps en s'étendant ainsi avec effort, décrit une ligne oblique, c'est-à-dire, inclinée en devant et tirant en haut ; et ainsi le mouvement destiné à faire aller en avant, porte en avant le corps de celui qui saute, et le mouvement qui doit l'élever, hausse le corps et lui fait former comme un grand arc, qui est le mouvement qu'on fait en sautant.

CHAPITRE CCLXI. De l'homme qui veut jeter quelque chose bien loin avec beaucoup d'impétuosité.

L'HOMME qui veut lancer un dard, ou jeter une pierre, ou quelqu'autre chose avec violence, peut être représenté en deux manières, ou lorsqu'il se prépare à l'exécution de ce dessein, ou lorsqu'il l'a exécuté. Si vous le représentez lorsqu'il se prépare à cette action, observez ce qui suit, 1°. Que la hanche du côté du pied qui porte le corps doit être à-plomb avec la ligne centrale, ou le creux de l'estomac. 2°. Que l'épaule du côté opposé doit s'avancer en devant et passer au-dessus de ce pied qui porte le corps, pour former une ligne droite et perpendiculaire avec lui ; c'est-à-dire, que si c'est le pied droit qui porte, l'épaule gauche sera perpendiculairement sur la pointe du même pied droit.

CHAPITRE CCLXII. Pourquoi celui qui veut tirer quelque chose de terre, en se retirant, ou l'y ficher, hausse la jambe opposée à la main qui agit, et la tient pliée.

Celui qui veut en se retirant ficher quelque pieu en terre ou l'arracher, hausse la jambe opposée au bras qui tire, et la plie par le genou ; ce qu'il fait pour prendre son contrepoids sur le pied qui porte à terre : car sans ce pli il ne pourroit agir, et s'il n'étendoit la jambe, il ne pourroit se retirer.

CHAPITRE CCLXIII. De l'équilibre des corps qui se tiennent en repos sans se mouvoir.

L'ÉQUILIBRE du corps des hommes se divise en deux : savoir, en simple et en composé ; l'équilibre simple est celui que l'homme fait lorsqu'il demeure debout sur ses pieds sans se remuer. Dans cette situation, si l'homme étend les bras, et les éloigne de leur milieu de quelque manière que ce soit, ou s'il se baisse étant sur ses pieds, le centre de sa pesanteur se trouve toujours perpendiculairement sur la ligne centrale du pied qui porte le corps ; et s'il se soutient également sur ses deux pieds, pour lors l'estomac de l'homme aura son centre perpendiculaire sur le milieu de la ligne, qui mesure l'espace qui est entre les centres des pieds. Par l'équilibre composé on entend celui que fait un homme lorsqu'il a sur lui quelque fardeau, et qu'il le soutient par des mouvemens différens, comme on le voit dans la figure suivante d'Hercule, qui étouffe Anthée, en le serrant avec les bras contre sa poitrine, après l'avoir élevé de terre ; il faut lui donner en contrepoids autant de charge de ses propres membres derrière la ligne centrale de ses deux pieds, que la pesanteur d'Anthée lui en donne au devant de la même ligne centrale des pieds.

CHAPITRE CCLXIV. *De l'homme qui est debout sur ses pieds, et qui se soutient davantage sur l'un que sur l'autre.*

Quand après être demeuré long-temps en pied, un homme s'est lassé la jambe sur laquelle il s'appuie, il renvoie une partie de sa pesanteur sur l'autre jambe ; mais cette sorte de position ne doit être pratiqué qu'aux figures des vieillards, ou à celles des petits enfans, ou bien en ceux qui doivent paroître fatigués, car cela témoigne une lassitude et une foiblesse de membres : c'est pourquoi il faut toujours qu'un jeune homme sain et robuste soit appuyé sur l'une des jambes, et s'il appuie quelque peu sur l'autre, il ne le fait que comme une disposition nécessaire à son mouvement, sans laquelle il est impossible de se mouvoir, parce que le mouvement ne vient que de l'inégalité.

CHAPITRE CCLXV. De la position des figures.

Les figures qui sont dans une attitude stable et ferme, doivent avoir dans leurs membres quelque variété qui fasse un contraste ; c'est-à dire, que si un des bras se porte en devant, il faut que l'autre demeure ferme ou se retire en arrière ; et si la figure est appuyée sur une jambe, que l'épaule qui porte sur cette jambe soit plus basse que l'autre épaule : cela s'observe par les personnes de jugement, qui ont toujours soin de donner le contrepoids naturel à la figure qui est sur ses pieds, de peur qu'elle ne vienne à tomber, parce que s'appuyant sur un des pieds, la jambe opposée qui est un peu pliée, ne soutient point le corps, et demeure comme morte et sans action ; de sorte qu'il faut nécessairement que le poids d'en haut qui se rencontre sur cette jambe, envoie le centre de sa pesanteur sur la jointure de l'autre jambe qui porte le corps.

CHAPITRE CCLXVI. De l'équilibre de l'homme qui s'arrête sur ses pieds.

L'HOMME qui s'arrête sur ses pieds, ou il s'appuie également sur ses deux pieds, ou bien il en charge un plus que l'autre ; s'il s'appuie également sur ses deux pieds, il les charge du poids naturel de son corps et de quelqu'autre poids accidentel, ou bien il les charge seulement du seul poids naturel de son corps : s'il les charge du poids naturel et accidentel tout ensemble, alors les extrémités opposées de ses membres ne sont pas également éloignées de la jointure des pieds ; mais s'il les charge simplement de son poids naturel, pour lors ces extrémités des membres opposés seront également éloignées de la jointure des pieds. Je ferai un Livre particulier de cette sorte d'équilibre.

CHAPITRE CCLXVII. Du mouvement local plus ou moins vîte.

Le mouvement que fait l'homme ou quelqu'autre animal que ce soit qui va d'un lieu à un autre, sera d'autant plus ou moins vîte, que le centre de gravité sera plus loin ou plus près du centre du pied sur lequel il se soutient.

CHAPITRE CCLXVIII. Des animaux à quatre pieds, et comment ils marchent.

La partie la plus élevée du corps des animaux à quatre pieds, reçoit plus de changement dans ceux qui marchent que dans ceux qui demeurent arrêtés, et cette variété est encore plus ou moins grande, selon que ces animaux sont plus grands ou plus petits ; cela vient de l'obliquité des jambes qui touchent à terre, lesquelles haussent la figure de l'animal quand elles se redressent, et qu'elles appuient perpendiculairement sur la terre.

CHAPITRE CCLXIX. Du rapport et de la correspondance qui est entre une moitié de la grosseur du corps de l'homme et l'autre moitié.

Jamais la moitié de la grosseur et de la largeur de l'homme ne sera égale à l'autre, si les membres réciproques ne se remuent conjointement par des mouvemens égaux et semblables.

CHAPITRE CCLXX. *Comment il se trouve trois mouvemens dans les sauts que l'homme fait en haut.*

QUAND l'homme s'élève en sautant, le mouvement de la tête est trois fois plus vîte que celui que fait le talon du pied qui s'élève avant que le bout du pied parte de terre, et deux fois plus vîte que celui des flancs : cela arrive, parce qu'en même temps il se forme trois angles qui s'ouvrent et s'étendent ; le plus haut de ces angles est celui que fait le corps par devant aux hanches dans sa jointure avec les cuisses ; le second, celui de la jointure des cuisses avec les jambes par derrière, et le troisième, celui que forment les jambes par devant avec l'os du pied.

CHAPITRE CCLXXI. Qu'il est impossible de retenir tous les aspects et tous les changemens des membres qui sont en mouvement.

Il est impossible qu'aucune mémoire puisse conserver toutes les vues et les changemens de certains membres de quelque animal que ce soit. Je vais le démontrer par l'exemple d'une main qui est en mouvement, et parce que toute quantité continue est divisible à l'infini, le mouvement que fait l'œil qui regarde la main, et se meut de A en B, peut être aussi divisé en une infinité de parties : or, la main qui fait ce mouvement change à tous momens de siluation et d'aspect, et on peut distinguer autant d'aspects différens dans la main, que de parties dans le mouvement ; donc il y a dans la main des aspects à l'infini ; ce qu'il est impossible qu'aucune imagination puisse retenir. La même chose arrivera, si la main au lieu de baisser d'A en B, s'élève de B en A.

CHAPITRE CCLXXII. De la bonne pratique qu'un Peintre doit tâcher d'acquérir.

Si vous voulez acquérir une grande pratique, je vous avertis que si les études que vous ferez pour y parvenir ne sont fondées sur la connoissance du naturel, vos ouvrages vous feront peu d'honneur, et ne vous apporteront point de profit ; mais si vous suivez la route que je vous ai marquée, vous ferez quantité de beaux ouvrages, qui vous gagneront l'estime des hommes, et beaucoup de bien.

CHAPITRE CCLXXIII. Du jugement qu'un Peintre fait de ses ouvrages, et de ceux des autres.

QUAND les connoissances d'un Peintre ne vont pas au-delà de son ouvrage, c'est un mauvais signe pour le Peintre ; et quand l'ouvrage surpasse les connoissances et les lumières de l'ouvrier, comme il arrive à ceux qui s'étonnent d'avoir si bien réussi dans l'exécution de leur dessin, c'est encore pis ; mais lorsque les lumières d'un Peintre vont au-delà de son ouvrage, et qu'il n'est pas content de lui-même, c'est une très-bonne marque, et un jeune Peintre qui a ce rare talent d'esprit, deviendra sans doute un excellent ouvrier : il est vrai qu'il fera peu d'ouvrages, mais ils seront excellens, ils donneront de l'admiration, et, comme on dit, ils attireront.

CHAPITRE CCLXXIV. Comment un Peintre doit examiner lui-même son propre ouvrage, et en porter son jugement.

Il est certain qu'on remarque mieux les fautes d'autrui que les siennes propres ; c'est pourquoi un Peintre doit commencer par se rendre habile dans la perspective, puis acquérir une connoissance parfaite des mesures du corps humain : il doit être encore bon architecte, pour le moins en ce qui concerne la régularité extérieure d'un édifice et de toutes ses parties. Pour ce qui est des choses dont il n'a pas la pratique, il ne faut point qu'il néglige d'aller voir et dessiner d'après le naturel, et qu'il ait soin en travaillant d'avoir toujours auprès de lui un miroir plat, et de considérer souvent son ouvrage dans ce miroir, qui le lui représentera tout à rebours, comme s'il étoit de la main d'un autre maître ; par ce moyen il pourra bien mieux remarquer ses fautes : encore il sera fort utile de quitter souvent son travail, et de s'aller divertir un peu, parce qu'au retour il aura l'esprit plus libre ; au contraire, une application trop grande et trop assidue appesantit l'esprit, et lui fait faire de grosses fautes.

CHAPITRE CCLXXV. *De l'usage qu'on doit faire d'un miroir en peignant.*

QUAND vous voulez voir si votre tableau pris tout ensemble ressemble aux choses que vous avez imitées d'après le naturel, prenez un miroir, et présentez-le à l'objet que vous avez imité, puis comparez à votre peinture l'image qui paroît dans le miroir, considérez-les attentivement, et comparez-les ensemble ; vous voyez sur un miroir plat des représentations qui paroissent avoir du relief : la peinture fait la même chose ; la peinture n'est qu'une simple superficie, et le miroir de même ; le miroir et la peinture font la même représentation des choses environnées d'ombres et de lumières, et l'une et l'autre paroît fort éloignée au-delà de sa superficie, du miroir et de la toile ; et puisque vous reconnoissez que le miroir, par le moyen des traits et des ombres, vous fait paroître les choses comme si elles avoient du relief, il est certain que si vous savez employer selon les règles de l'art les couleurs dont les lumières et les ombres ont plus de force que celle d'un miroir, votre peinture paroîtra aussi une chose naturelle, représentée dans un grand miroir : votre Maître (qui est ce miroir) vous montrera le clair et l'obscur de quelque objet que ce soit, et parmi vos couleurs il y en a de plus claires que les parties les plus éclairées de votre modèle, et pareillement il y en a d'autres plus obscures que les ombres les plus fortes du même modèle : enfin, parce que les deux yeux voient davantage de l'objet, et l'environnent, lorsqu'il est moindre que la distance d'un œil à l'autre, vous ferez vos peintures semblables aux représentations de ce miroir, lorsqu'on le regarde avec un œil seulement.

CHAPITRE CCLXXVI. Quelle peinture est la plus parfaite.

La plus excellente manière de peindre est celle qui imite mieux, et qui rend le tableau plus semblable à l'objet naturel qu'on représente : cette comparaison du tableau avec les objets naturels, fait souvent honte à certains Peintres qui semblent vouloir réformer les ouvrages de la nature, comme font ceux qui représentent un enfant d'un an, dont la tête n'est qu'un cinquième de sa hauteur, et eux ils la font d'une huitième partie, et la largeur des épaules qui est égale à la longueur de la tête, ils la font deux fois plus grande, réduisant ainsi la proportion d'un petit enfant d'un an à celle d'un homme qui en a trente. Ces ignorans ont tant de fois pratiqué et vu pratiquer ces fautes, qu'ils se sont fait une habitude de les faire eux-mêmes, et cette habitude s'est tellement fortifiée, qu'ils se persuadent que la nature, ou ceux qui l'imitent, se trompent en suivant un autre chemin.

CHAPITRE CCLXXVII. *Quel doit être le premier objet et la principale intention d'un Peintre.*

La première intention du Peintre, est de faire que sur la superficie plate de son tableau, il paroisse un corps relevé et détaché de son fond ; et celui qui en ce point surpasse les autres, mérite d'être estimé plus habile qu'eux dans sa profession. Or, cette perfection de l'art vient de la dispensation juste et naturelle des lumières et des ombres ; ce qu'on appelle le clair et l'obscur : de sorte que si un Peintre épargne les ombres où elles sont nécessaires, il se fait tort à lui-même, et rend son ouvrage méprisable aux connoisseurs, pour s'acquérir une fausse estime du vulgaire et des ignorans, qui ne considèrent dans un tableau que l'éclat et le fard du coloris, sans prendre garde au relief.

CHAPITRE CCLXVIII. Quel est le plus important dans la peinture, de savoir donner les ombres à propos, ou de savoir dessiner correctement.

Dans la peinture, il est bien plus difficile de donner les ombres à une figure, et il faut pour cela bien plus d'étude et de réflexions que pour en dessiner les contours. La preuve de ce que je dis est claire, car on peut dessiner toutes sortes de traits au travers d'un verre plat placé entre l'œil et la chose qu'on veut imiter ; mais cette invention est inutile à l'égard des ombres, à cause de leur diminution et de l'insensibilité de leurs termes, qui le plus souvent sont mêlés entre eux, comme je l'ai démontré dans mon livre des Ombres et des Lumières.

CHAPITRE CCLXXIX. Comme on doit donner le jour aux figures.

Le jour doit être donné d'une manière convenable au lieu naturel où vous feignez qu'est votre figure, c'est-à-dire, que si le soleil l'éclaire, il lui faut donner des ombres fortes et des lumières très-étendues, et que l'ombre de tous les corps d'alentour soit marquée sur le terrain ; mais si la figure est dans un air sombre, mettez peu de différence entre la partie qui est éclairée et celle qui est dans l'ombre, et qu'il n'y ait aucune ombre aux pieds de la figure. Si la figure est dans un logis, les lumières et les ombres seront fort tranchées, et la projection de son ombre sera marquée sur le plan ; mais si vous feignez que la fenêtre ait un chassis, et que les murailles soient blanches, il faudra mettre peu de différence entre les ombres et les lumières, et si elle prend sa lumière du feu, faites les lumières rougeâtres et vives, et les ombres fort obscures, et la projection des ombres contre les murs et sur le pavé fort terminée, et que les ombres croissent à proportion qu'elles s'éloignent du corps. Et si un côté de la figure étoit éclairé de l'air et l'autre côté du feu, faites le côté de l'air plus clair, et celui du feu tirant sur le rouge presque de couleur de feu : faites, en général, que les figures que vous peignez soient éclairées d'un grand jour qui vienne d'en haut, principalement lorsque vous ferez quelque portrait ; parce que les personnes que vous voyez dans les rues reçoivent toutes leur jour d'en haut ; et sachez qu'il n'y a point d'homme dont vous connoissiez si bien les traits et le visage, que vous n'eussiez peine à le reconnoître si on lui donnoit la lumière par-dessous.

CHAPITRE CCLXXX. En quel lieu doit être placé celui qui regarde une peinture.

Supposons que A B soient le tableau, et que D soit le côté d'où lui vient le jour : je dis que celui qui se mettra entre C et E verra très-mal le tableau, principalement s'il est peint à l'huile, ou qu'on lui ait donné une couche de vernis, parce qu'il sera lustré, et aura presque l'effet d'un miroir : c'est pourquoi plus on sera près du rayon C, moins on le verra, parce que c'est là que portent les reflets du jour qui est envoyé de la fenêtre sur le tableau ; mais entre E et D, on pourra voir commodément le tableau, et on le verra mieux à mesure qu'on approchera plus près du point D, parce que ce lieu est moins sujet à la réverbération des rayons réfléchis.

CHAPITRE CCLXXXI. À quelle hauteur on doit mettre le point de vue.

Le point de vue doit être mis au niveau de l'œil d'un homme de taille ordinaire, sur la ligne qui fait confiner le plan avec l'horizon ; la hauteur de cette ligne doit être égale à celle de l'extrémité du plan joignant l'horizon, sans néanmoins y comprendre les montagnes, que le Peintre fera aussi hautes que le demande son sujet, ou qu'il le jugera à propos.

CHAPITRE CCLXXXII. Qu'il est contre la raison de faire les petites figures trop finies.

Les choses ne paroissent plus petites qu'elles le sont en effet, que parce qu'elles sont éloignées de l'œil, et qu'il y a entre elles et l'œil beaucoup d'air qui affoiblit la lumière, et, par une suite naturelle, empêche qu'on ne distingue exactement les petites parties qu'elles ont. Il faut donc qu'un Peintre ne touche que légèrement ces figures, comme s'il vouloit seulement en esquisser l'idée ; s'il fait autrement, ce sera contre l'exemple de la Nature, qui doit être son guide : car, comme je viens de dire, une chose ne paroît petite qu'à cause de la grande distance qui est entre l'œil et elle ; la grande distance suppose beaucoup d'air entre deux, et la grande quantité d'air cause une grande diminution de lumière, qui ôte à l'œil le moyen de distinguer les plus petites parties de son objet.

CHAPITRE CCLXXXIII. Quel champ un Peintre doit donner à ses figures.

Puisque nous voyons par expérience que tous les corps sont entourés d'ombres et de lumières, je conseille au Peintre de faire en sorte que la partie éclairée de sa figure se rencontre sur un fond obscur, et que la partie qui est dans l'ombre soit sur un champ clair : l'observation de cette règle contribuera fort au relief de ses figures.

CHAPITRE CCLXXIV. *Des ombres et des jours, et en particulier des ombres des carnations.*

Pour distribuer les jours et les ombres avec jugement, considérez bien en quel endroit la lumière est plus claire et plus éclatante, et en quel endroit l'ombre est plus forte et plus obscure. Pour ce qui est des carnations des jeunes gens, je vous avertis sur-tout de ne leur point donner d'ombres qui soient tranchées, parce que leur chair qui n'est point ferme et dure, mais molle et tendre, a quelque chose de transparent, ce qu'on reconnoît en regardant sa main, après l'avoir mise entre le soleil et l'œil ; car elle paroît rougeâtre, avec une certaine transparence lumineuse ; et si vous voulez savoir quelle sorte d'ombre convient à la carnation que vous peignez, faites-en l'étude et l'expérience sur l'ombre même de votre doigt ; et selon que vous la voudrez plus claire ou plus obscure, tenez le doigt plus près ou plus loin de votre tableau, et l'imitez.

CHAPITRE CCLXXXV. De la représentation d'un lieu champêtre.

Les arbres et toutes les herbes qui sont plus chargés de petites branches, doivent avoir moins de tendresse en leurs ombres, et les autres dont les feuilles seront plus grandes et plus larges, causeront de plus grandes ombres.

CHAPITRE CCLXXXVI. Comment on doit composer un animal feint et chimérique.

Vous savez qu'on ne peut représenter un animal s'il n'a des membres, et il faut que chacun de ses membres ressemble en quelque chose à ceux d'un véritable animal ; si vous voulez donc faire qu'un animal feint paroisse être un animal véritable et naturel, par exemple, un serpent, prenez pour la tête celle d'un mâtin, ou de quelque autre chien, et donnez-lui les yeux d'un chat, les oreilles d'un porc-épic, le museau lévrier, les sourcils d'un lion, les côtés des tempes de quelque vieux coq, et le col d'une tortue d'eau.

CHAPITRE CCLXXXVII. Ce qu'il faut faire pour que les visages aient du relief et de la grâce.

Dans les rues qui sont tournées au couchant, le soleil étant à son midi, et les murailles des maisons élevées à telle hauteur, que celles qui sont tournées au soleil ne réfléchissent point la lumière sur les parties des corps, lesquelles sont dans l'ombre, si l'air n'est point trop éclairé, on trouve la disposition la plus avantageuse pour donner du relief et de la grâce aux figures : car on verra les deux côtés des visages participer à l'ombre des murs qui leur sont opposés ; et ainsi les carnes du nez et toute la face tournée à l'occident sera éclairée, et l'œil qu'on suppose au bout de la rue placé au milieu, verra ce visage bien éclairé dans toutes les parties qu'il a devant lui, et les côtés vers les murs couverts d'ombres ; et ce qui donnera de la grâce, c'est que ces ombres ne sont point tranchées d'une manière dure et sèche, mais noyées insensiblement. La raison de ceci est que la lumière répandue par-tout dans l'air, vient frapper le pavé de la rue, d'où étant réfléchie vers les parties de la tête qui sont dans l'ombre, elle les teint légèrement de quelque lumière, et la grande lumière qui est répandue sur le bord des toits et au bout de la rue, éclaire presque jusqu'à la naissance des ombres qui sont sous la face, et elle diminue les ombres par degrés, et augmente peu à peu la clarté, jusqu'à ce qu'elle soit arrivée sur le menton avec une ombre insensible de tous côtés. Par exemple, si cette lumière étoit A E, elle voit la ligne F E de la lumière qui éclaire jusques sous le nez, et la ligne C F éclaire seulement jusques sous la lèvre, et la ligne A H s'étend sous le menton, et en ce lieu-là le nez est fort éclairé, parce qu'il est vu de toute la lumière A B C D E.

CHAPITRE CCLXXXVIII. Ce qu'il faut faire pour détacher et faire sortir les figures hors de leur champ.

Vous devez placer votre figure dans un champ clair si elle est obscure ; et si elle est claire, mettez-la dans un champ obscur ; et si elle est claire et obscure, faites rencontrer la partie obscure sur un champ clair, et la partie claire sur un champ obscur.

CHAPITRE CCLXXXIX. *De la différence des lumières selon leur diverse position.*

Une petite lumière fait de grandes ombres, et terminées sur les corps du côté qu'ils ne sont pas éclairés ; au contraire, les grandes lumières font sur les mêmes corps du côté qu'ils ne sont pas éclairés, des ombres petites et confuses dans leurs termes. Quand une petite lumière, mais forte, sera enfermée et comprise dans une plus grande et moins forte, comme le soleil dans l'air, la plus foible ne tiendra lieu que d'une ombre sur les corps qui en seront éclairés.

CHAPITRE CCXC. Qu'il faut garder les proportions jusques dans les moindres parties d'un tableau.

C'est une faute ridicule, et dans laquelle cependant plusieurs Peintres ont coutume de tomber, de donner avec si peu de jugement les proportions aux parties de leurs tableaux, qu'un bâtiment, par exemple, ou une ville a des parties si basses, qu'elles n'arrivent pas seulement à la hauteur du genou d'un homme, quoique selon la disposition du plan elles soient plus près de l'œil de celui qui regarde le tableau, qu'elles ne le sont de celui qui paroît vouloir y entrer. Nous avons vu quelquefois dans des tableaux des portiques peints, tous chargés de figures d'hommes, et les colonnes qui soutenoient ces portiques étoient empoignées par un de ces hommes, qui s'appuyoit dessus comme sur un bâton : il se fait beaucoup d'autres fautes semblables qu'il faut éviter avec soin.

CHAPITRE CCXCI. *Des termes ou des extrémités des corps, qu'on appelle profilures ou contours.*

Les contours des corps sont si peu sensibles à l'œil, que pour la moindre distance qu'il y a entre l'œil et son objet, il ne sauroit discerner le visage de son ami ou de son parent, qu'il ne reconnoît guère qu'à leur habit et à leur contenance : de sorte que par la connoissance du Tout, il vient à celle de la partie.

CHAPITRE CCXCII. Effet de l'éloignement des objets par rapport au dessin.

Les premières choses qui disparoissent en s'éloignant dans les corps qui sont dans l'ombre, et même dans ceux qui sont éclairés, ce sont les contours ; et après, en un peu plus de distance, on cesse de voir les termes qui divisent les parties des corps contigus, quand ces corps sont dans l'ombre : ensuite la grosseur des jambes par le pied, puis les moindres parties se perdent peu à peu, tellement qu'à la fin, par un grand éloignement, l'objet ne paroît plus que comme une masse confuse, où l'on ne distingue point de parties.

CHAPITRE CCXCIII. *Effet de l'éloignement des objets, par rapport au coloris.*

La première chose que l'éloignement fait disparoître dans les couleurs, c'est le lustre qui est leur plus subtile partie, et comme l'éclat dans les lumières ; la seconde chose qui disparoît, ou plutôt qui diminue et qui s'affoiblit en s'éloignant davantage, est la lumière, parce qu'elle est moindre en quantité que n'est l'ombre ; la troisième sont les ombres principales ; et enfin dans un grand éloignement il ne reste plus qu'une obscurité médiocre, mais générale et confuse.

CHAPITRE CCXCIV. *De la nature des contours des corps sur les autres corps.*

Quand les corps dont la superficie est convexe, vont terminer sur d'autres corps de même couleur, le terme ou le contour du corps convexe paroîtra plus obscur que le corps qui lui sert de champ, et qui confine avec le corps convexe. À l'égard des superficies plates, leur terme paroîtra fort obscur sur un fond blanc ; et sur un fond obscur, il paroîtra plus clair qu'en aucune autre de ses parties, quoique la lumière qui éclaire les autres parties ait par-tout la même force.

CHAPITRE CCXCV. Des figures qui marchent contre le vent.

Un homme qui marche contre le vent, quand il est violent, ne garde pas la ligne qui passe par le centre de sa pesanteur avec l'équilibre parfait qui se fait par la distribution égale du poids du corps autour du pied qui le soutient.

CHAPITRE CCXCVI. De la fenêtre par où vient le jour sur la figure.

Il faut que la fenêtre d'un Peintre, au jour de laquelle il peint, ait des chassis de papier huilé, sans menaux et sans traverses de bois au châssis ; ils ne feroient qu'ôter une partie du jour, et faire des ombres qui nuiroient à l'exécution de l'ouvrage.

CHAPITRE CCXCVII. *Pourquoi après avoir mesuré un visage et l'avoir peint de la grandeur même de sa mesure, il paroît plus grand que le naturel.*

A B est la largeur de l'espace où est la tête, laquelle est mise à la distance marquée C F, où sont les joues, et il faudroit qu'elle demeurât en arrière de toute la longueur A C, et pour lors les tempes seroient portées à la distance O R des lignes A F B F, de sorte qu'elles seroient plus étroites que le naturel, de la différence C O et R D d'où il s'ensuit que les deux lignes C F et D F pour être plus courtes, doivent aller rencontrer le plan, sur lequel toute la hauteur est dessinée, qui sont les lignes A F et B F où est la véritable grandeur ; de sorte que, comme j'ai dit, il s'y trouve de différence, les lignes C O et R D.

CHAPITRE CCXCVIII. *Si la superficie de tout corps opaque participe à la couleur de son objet.*

Vous devez savoir que si on met un objet blanc entre deux murailles, dont l'une soit blanche et l'autre noire, il se trouvera entre la partie de cet objet qui est dans l'ombre et celle qui est éclairée, une proportion pareille à celle qui est entre les murailles ; et si l'objet est de couleur d'azur, il aura le même effet : c'est pourquoi si vous avez à le peindre, vous ferez ce qui suit. Pour donner les ombres à l'objet qui est de couleur d'azur, prenez du noir semblable au noir ou à l'ombre de la muraille que vous supposez devoir réfléchir sur l'objet que vous voulez peindre ; et pour agir par des principes sûrs, observez ce que je vais marquer. Lorsque vous peignez une muraille, de quelque couleur que ce soit, prenez une petite cuiller, qui soit plus ou moins grande, selon que sera l'ouvrage que vous devez peindre, et qu'elle ait les bords d'égale hauteur, afin que vous mesuriez plus justement la quantité des couleurs que vous emploierez au mélange de vos teintes : par exemple, si vous avez donné aux premières ombres de la muraille trois degrés d'obscurité et un de clarté, c'est-à-dire, trois cuillerées pleines, et que ces trois cuillerées fussent d'un noir simple, avec une cuillerée de blanc, vous aurez sans doute fait un mélange d'une qualité certaine et précise. Après avoir donc fait une muraille blanche et une obscure, si vous avez à placer entre elles un objet de couleur d'azur, auquel vous voulez donner la vraie teinte d'ombre et de clair qui convient à cet azur, mettez d'un côté la couleur d'azur que vous voulez qui reste sans ombre, et placez le noir auprès, puis prenez trois cuillerées de noir, et les mêlez avec une cuillerée d'azur clair, et leur donnez l'ombre la plus forte : cela fait, voyez si la forme de l'objet est ronde, ou en croissant, ou carrée, ou autrement ; et si elle est ronde, tirez des lignes des extrémités des murailles obscures au centre de cet objet rond, et mettez les ombres les plus fortes entre des angles égaux, au lieu où ces lignes se coupent sur la superficie de cet objet, puis éclaircissez peu à peu les ombres, en vous éloignant du point où elles sont fortes, par exemple, en N O, et diminuez autant de l'ombre que cet endroit participe à la lumière de la muraille supérieure A D, et vous mêlerez cette couleur dans la première ombre de A B avec les mêmes proportions.

CHAPITRE CCXCIX. Du mouvement des animaux et de leur course.

La figure qui paroîtra courir plus vîte, sera celle qui tombera davantage sur ledevant. Le corps qui se meut soi-même, aura d'autant plus de vîtesse, que le centre de sa pesanteur sera éloigné du centre de la partie qui le soutient : ceci regarde principalement le mouvement des oiseaux, lesquels sans aucun battement d'ailes, ou sans être aidés du vent, se remuent d'eux-mêmes ; et cela arrive quand le centre de leur pesanteur est hors du centre de leur soutien, c'est-à-dire, hors du milieu de l'étendue de leurs ailes ; parce que si le milieu des deux ailes est plus en arrière que le milieu ou le centre de la pesanteur de tout l'oiseau, alors cet oiseau portera son mouvement en haut et en bas, mais d'autant plus ou moins en haut qu'en bas, que le centre de sa pesanteur sera plus loin ou plus près du milieu des ailes ; c'est-à dire, que le centre de la pesanteur étant éloigné du milieu des ailes, il fait que la descente de l'oiseau est fort oblique ; et si ce centre est près des ailes, la descente de l'oiseau aura peu d'obliquité.

CHAPITRE CCC. Faire qu'une figure paroisse avoir quarante brasses de haut dans un espace de vingt brasses y et qu'elle ait ses membres proportionnés, et se tienne droite.

EN ceci, et en toute autre rencontre, un Peintre ne se doit point mettre en peine sur quelle sorte de superficie il travaille, principalement si son ouvrage doit être vu d'une fenêtre particulière, ou de quelqu'autre endroit déterminé ; parce que l'œil ne doit point avoir égard à l'égalité ou à la courbure de la muraille, mais seulement à ce qui doit être représenté au-delà de cette muraille, en divers lieux du paysage feint ; néanmoins une superficie courbe régulière, telle que F R G, est plus commode, parce qu'elle n'a point d'angles.

CHAPITRE CCCI. *Dessiner sur un mur de douze brasses une figure qui paroisse avoir vingt-quatre brasses de hauteur.*

Si vous voulez peindre une figure ou quelqu'autre chose qui paroisse avoir vingt-quatre brasses de hauteur, faites-le ainsi. Dessinez premièrement la muraille M N, avec la moitié de la figure que vous voulez faire, puis vous achèverez dans la voûte M R l'autre moitié de cette même figure que vous avez commencée ; mais auparavant tracez en quelque endroit une muraille de la même forme qu'est le mur avec la voûte où vous devez peindre votre figure ; puis derrière cette muraille feinte, dessinez votre figure en profil de telle grandeur qu'il vous plaira, conduisez toutes vos lignes au point F, et représentez-les sur le mur véritable comme elles sont ; et comme elles se coupent sur le mur feint M N, que vous avez dessiné, ainsi vous trouverez toutes les hauteurs et les saillies de la figure, et les largeurs ou grosseurs qui se trouvent dans le mur feint M N, que vous copierez sur le mur véritable, parce que, par la retraite ou fuite du mur, la figure diminue d'elle-même. Vous donnerez à la partie de la figure qui doit entrer dans le courbe de la voûte, la même diminution que si elle étoit droite : pour le faire sûrement, vous tracerez cette diminution sur quelque plan bien uni pour y mettre la figure que vous tirerez du mur N R, avec ses véritables grosseurs, que vous raccourcirez sur un mur de relief. Cette méthode est très-bonne et très-sûre.

CHAPITRE CCCII. Avertissement touchant les lumières et les ombres.

PRENEZ garde qu'où les ombres finissent il paroît toujours une demi-ombre, c'est-à-dire, un mélange de lumière et d'ombre ; et que l'ombre dérivée s'unit d'autant mieux avec la lumière, que cette ombre est plus éloignée du corps qui est dans l'ombre ; mais la couleur de cette ombre ne sera jamais simple. Je l'ai prouvé ailleurs par ce principe, que la superficie de tout corps participe à la couleur de son objet, quand même ce seroit la superficie d'un corps transparent, comme l'air, l'eau, et d'autres semblables ; parce que l'air reçoit sa lumière du soleil, et que les ténèbres ne sont autre chose que la privation de la lumière du soleil. Et parce que l'air n'a de lui-même aucune couleur, non plus que l'eau et tous les corps parfaitement transparent, comme il est répandu par-tout, et qu'il environne tous les objets visibles, il prend autant de teintes différentes qu'il y a de couleurs entre les objets et l'œil qui les voit. Mais les vapeurs qui se mêlent avec l'air dans sa basse région près de la terre le rendent épais, et font que les rayons du soleil venant à battre dessus, lui impriment leur lumière, qui, ne pouvant passer librement au travers d'un air épais, est réfléchie de tous côtés : au contraire, l'air qui est au-dessus de la basse région paroît de couleur d'azur ; parce que l'ombre du ciel qui n'est pas un corps lumineux, et quelques parties de lumière que l'air, quelque subtil qu'il soit, retiennent, forment cette couleur, qui est la couleur naturelle de l'air ; de-là vient qu'il a plus ou moins d'obscurité, selon qu'il est plus ou moins épais et mêlé de vapeurs.

CHAPITRE CCCIII. Comment il faut répandre sur les corps la lumière universelle de l'air.

Dans les compositions où il entre plusieurs figures d'hommes ou d'animaux, faites que les parties du corps soient plus obscures, à proportion qu'elles sont plus basses ou qu'elles sont plus enfoncées dans le milieu d'un groupe, quoique d'elles-mêmes elles soient de même couleur que les autres parties plus hautes ou moins enfoncées dans les groupes. Cela est nécessaire, parce que le ciel qui est la source de la lumière de tous les corps, éclairant sur les lieux bas et sur les espaces resserrés entre ces figures d'animaux, la portion d'arc de son hémisphère dont il les voit, est d'une moindre étendue que celle dont il éclaire les parties supérieures et plus élevées des mêmes espaces : ce qui se prouve par la figure suivante, où A B C D représentent l'arc du ciel, qui donne le jour universel à tous les corps inférieurs ; M N sont les corps qui bornent l'espace S T R H contenu entre eux ; on voit manifestement dans cet espace que le lieu F, lequel étant éclairé de la portion C D, est éclairé d'une plus petite portion de l'arc du ciel, que n'est le lieu E, lequel est vu de toute la portion d'arc A B, laquelle est plus grande que l'arc D C, si bien qu'il sera plus éclairé en E qu'en F.

CHAPITRE CCCIV. De la convenance du fond des tableaux avec les figures peintes dessus, et premièrement des superficies plates d'une couleur uniforme.

Les fonds de toute superficie plate, dont les couleurs et les lumières sont uniformes, ne paroissent point détachés d'avec leur superficie, étant de même couleur et ayant la même lumière : donc, tout au contraire, ils paroîtront détachés, s'ils sont différens en couleur et en lumière.

CHAPITRE CCCV. De la différence qu'il y a par rapport à la peinture entre une superficie et un corps solide.

Les corps réguliers sont de deux sortes ; les uns ont une superficie curviligne, ovale, ou sphérique ; les autres ont plusieurs côtés ou plusieurs faces qui sont autant de superficies plates séparées par des angles, et ces corps-ci sont réguliers ou irréguliers. Les corps sphériques ou de forme ovale, paroîtront toujours de relief et détachés de leur fond, quoique le corps soit de la couleur de son fond : la même chose arrivera aux corps qui ont plusieurs côtés ; cela vient de ce qu'ils sont naturellement disposés à produire des ombres, lesquelles occupent toujours un de leurs côtés ; ce qui ne peut arriver à une simple superficie plate.

CHAPITRE CCCVI. *En peinture, la première chose qui commence à disparoître, est la partie du corps laquelle a moins de densité.*

Entre les parties du corps qui s'éloignent de l'œil, celle qui est plus petite disparoît la première, d'où il s'ensuit que la partie la plus grande sera aussi la dernière à disparoître ; c'est pourquoi il ne faut point qu'un Peintre termine beaucoup les petits membres des choses qui sont fort éloignées ; mais qu'il se comporte en ces occasions suivant les règles que j'ai données. Combien voit-on de Peintres, lesquels en peignant des villes et d'autres choses éloignées de l'œil, font des dessins d'édifices aussi finis que si ces objets étoient vus de fort près, ce qui est contre l'expérience ; car il n'y a point de vue assez forte et assez pénétrante, pour discerner dans un grand éloignement les termes et les dernières extrémités des corps ; c'est la raison pourquoi un Peintre ne doit toucher que légèrement les contours des corps fort éloignés de la vue, sans autre chose que les termes ou finimens de leurs propres superficies, sans les faire durs ni tranchés :

il doit aussi prendre garde, en voulant peindre une distance fort éloignée, de n'y pas employer un azur si vif, que par un effet tout contraire, les objets paroissent peu éloignés et la distance fort petite : il faut encore observer dans la représentation des bâtimens d'une ville dans un lointain, de n'y faire point paroître les angles, parce qu'il est impossible de les voir de loin.

CHAPITRE CCCVII. *D'où vient qu'une même campagne paroît quelquefois plus grande ou plus petite qu'elle n'est en effet.*

Les campagnes paroissent quelquefois plus grandes ou plus petites qu'elles ne sont ; cela vient de ce que l'air qui est entre l'œil et l'horizon, est plus grossier ou plus subtil qu'il ne l'est ordinairement.

Entre les horizons également éloignés de l'œil, celui qui sera vu au travers d'un air plus grossier paroîtra plus éloigné, et celui qui sera vu au travers d'un air plus pur, paroîtra plus proche. Les choses d'une grandeur inégale étant vues dans des distances égales, paroîtront égales, si l'air qui est entre l'œil et ces grandeurs inégales, a la même disproportion d'épaisseur que ces grandeurs ont entre elles ; c'est-à-dire, si l'air le plus grossier se trouve entre la moindre grandeur ; et cela se prouve par le moyen de la perspective des couleurs, laquelle fait qu'une montagne paroissant petite à la mesurer au compas, semble néanmoins plus grande qu'une colline qui est près de l'œil ; de même qu'on voit qu'un doigt près de l'œil couvre une grande montagne, laquelle en est éloignée.

CHAPITRE CCCVIII. *Diverses observations sur la Perspective et sur les couleurs.*

ENTRE les choses d'une égale obscurité, de même grandeur, de même figure, et qui sont également éloignées de l'œil, celle-là paroîtra plus petite qui sera vue dans un lieu plus éclairé ou plus blanc : cela se remarque lorsqu'on regarde un arbre sec et sans feuilles, qui est éclairé du soleil du côté opposé à celui qui regarde ; car alors les branches de l'arbre opposées au soleil, paroissent si diminuées, qu'elles sont presque invisibles. La même chose arrivera si l'on tient une pique droite entre l'œil et le soleil. Les corps parallèles plantés droits étant vus dans un brouillard, doivent paroître plus gros par le haut que par le bas : cela vient de ce que le brouillard ou l'air épais étant pénétré des rayons du soleil, paroît d'autant plus blanc qu'il est plus bas ; les figures qu'on voit de loin paroissent mal proportionnées, parce que la partie qui est plus éclairée envoie à l'œil son image avec des rayons plus forts que la partie qui est obscure ; et j'ai observé une fois, en voyant une femme habillée de noir, laquelle avoit sur la tête un linge blanc, que la tête lui paroissoit deux fois plus grosse que les épaules qui étoient vêtues de noir.

CHAPITRE CCCIX. Des villes et des autres choses qui sont vues dans un air épais.

LES édifices des villes que l'œil voit pendant un temps de brouillards, ou dans un air épaissi par des fumées et d'autres vapeurs, seront toujours d'autant moins sensibles qu'ils seront moins élevés ; et, au contraire, ils seront plus marqués et on les distinguera mieux, quand on les verra à une plus grande hauteur : on le prouve ainsi. L'air est d'autant plus épais qu'il est plus bas, et d'autant plus épuré et plus subtil qu'il est plus haut : cela est démontré par la figure suivante, où nous disons que la tour A F est vue par l'œil N dans un air épais B F, lequel se divise en quatre degrés d'autant plus épais, qu'ils sont plus près de terre. Moins il y a d'air entre l'œil et son objet, moins la couleur de cet objet participe à la couleur du même air : donc il s'ensuit que plus il y aura d'air entre l'œil et son objet, plus aussi le même objet participera à la couleur de cet air : cela se démontre ainsi. Soit l'œil N, vers lequel concourent les cinq différentes espèces d'air des cinq parties de la tour A F, savoir, A B C D E. Je dis que si l'air étoit de même épaisseur, il y auroit la même proportion entre la couleur d'air qu'acquiert le pied de la tour, et la couleur d'air que la même tour acquiert à sa partie B, qu'il y a en longueur entre la ligne M F et la ligne B S ; mais par la proposition précédente, qui suppose que l'air n'est point uniforme ni également épais partout, mais qu'il est d'autant plus grossier qu'il est plus bas, il faut nécessairement que la proportion des couleurs, dont l'air fait prendre sa teinte aux diverses élévations de la tour B C F, excède la proportion des lignes ; parce que la ligne M F, outre qu'elle est plus longue que la ligne S B, elle passe encore par un air dont l'épaisseur est inégale par degrés uniformes.

CHAPITRE CCCX. Des rayons du soleil qui passent entre différens nuages.

Les rayons du soleil passant au travers de quelque échappé de vide qui se rencontre entre les diverses épaisseurs des nues, illuminent tous les endroits par où ils passent, et éclairent même les ténèbres, et colorent de leur éclat tous les lieux obscurs qui sont derrière eux, et les obscurités qui restent se découvrent entre les séparations de ces rayons du soleil.

CHAPITRE CCCXI. *Des choses que l'œil voit confusément au-dessous de lui, mêlées parmi un brouillard et dans un air épais.*

Quand l'air sera plus près de l'eau, ou plus près de la terre, il sera plus grossier : cela se prouve par cette proposition que j'ai examinée ailleurs ; savoir, qu'une chose plus pesante s'élève moins qu'une chose plus légère ; d'où il faut conclure par la règle des contraires, qu'une chose plus légère s'élève davantage qu'une chose plus pesante.

CHAPITRE CCCXII. Des bâtimens vus au travers d'un air épais.

La partie d'un bâtiment qui se trouvera dans un air plus épais et plus grossier, sera moins sensible et se verra moins qu'un autre qui ne sera point dans un air si épais ; au contraire, celle qui est dans un air pur frappera bien plus les yeux. Donc si on suppose que l'œil N regarde la tour A D, il en verra les parties plus confusément à mesure qu'elles seront plus proches de la terre, et plus distinctement, à mesure qu'elles en seront plus éloignées.

CHAPITRE CCCXIII. Des choses qui se voyent de loin.

Une chose obscure paroîtra d'autant plus claire, qu'elle sera plus loin de l'œil ; et par la raison des contraires, il s'ensuit qu'une chose obscure paroîtra aussi d'autant plus obscure, qu'elle sera plus proche de l'œil ; tellement que les parties inférieures de quelque corps que ce soit qui est dans un air épais, paroîtront plus éloignées que le sommet du même corps ; et par conséquent une montagne paroîtra plus loin de l'œil par le bas que par sa cime, qui néanmoins est réellement plus éloignée.

CHAPITRE CCCXIV. De quelle sorte paroît une ville dans un air épais.

L'œIL qui voit de haut en bas une ville dans un air épais, remarquera plus distinctement les sommets des bâtimens qui paroissent plus obscurs et plus terminés que les étages d'en bas, lesquels se trouvent dans un champ blanchâtre et moins épuré, parce qu'ils sont vus dans un air bas et grossier ; ce qui arrive par les raisons que j'ai apportées dans le Chapitre précédent.

CHAPITRE CCCXV. Des termes ou extrémités inférieures des corps éloignés.

Les termes ou les extrémités inférieures des choses qui sont éloignées, sont moins sensibles à l'œil que leurs parties supérieures : cela se remarque aux montagnes, dont la cime a pour champ les côtés et la base de quelque autre montagne plus éloignée. Dans les montagnes qui sont près de l'œil, on voit les parties d'en haut plus distinctes et plus terminées que celles d'en bas, parce que le haut n'est point environné de cet air épais et grossier qui entoure les parties basses des mêmes montagnes, et qui empêche qu'on ne les voie distinctement ; et la même chose arrive à l'égard des arbres et des bâtimens, et de tous les autres corps qui sont fort élevés : de-là vient que souvent si l'on voit de loin une tour fort élevée, elle paroît plus grosse par le haut que par le bas, parce que l'air subtil qui l'environne vers le haut n'empêche point qu'on n'apperçoive les contours, et qu'on ne distingue toutes les parties de cette tour qui sont effacées en bas par l'air grossier, comme je l'ai montré ailleurs, lorsque j'ai prouvé que l'air épais répand sur les objets une couleur blanchâtre qui en rend les images moins vives ; au lieu que l'air subtil en donnant aux objets sa couleur d'azur, n'affoiblit point l'impression qu'ils font sur nos yeux. On peut encore apporter un exemple sensible de ce que je dis. Les créneaux des forteresses ont leurs intervalles également espacés du plein au vide, et néanmoins il paroît dans une distance médiocre que l'espace vide est beaucoup plus grand que la largeur du créneau, et dans un plus grand éloignement, les créneaux paroissent extrêmement diminués : enfin l'éloignement est quelquefois si grand, que les créneaux disparoissent entièrement, comme si les tours qu'on voit étoient terminées en haut par un mur plein sans créneaux.

CHAPITRE CCCXVI. Des choses qu'on voit de loin.

Les termes ou les contours d'un objet seront d'autant moins distincts, qu'on les verra de plus loin.

CHAPITRE CCCXVII. *De l'azur dont les paysages paroissent colorés dans le lointain.*

DE toutes les choses qui sont éloignées de l'œil, de quelque couleur qu'elles soient, celle qui aura plus d'obscurité naturelle ou accidentelle, paroîtra d'une couleur d'azur plus forte et plus foncée. L'obscurité naturelle vient de la couleur propre de chaque corps ; l'obscurité accidentelle vient de l'ombre des autres corps.

CHAPITRE CCCXVIII. Quelles sont les parties des corps qui commencent les premières à disparoître dans l'éloignement.

Les parties des corps lesquelles ont moins de quantité, c'est-à-dire, qui sont plus minces et plus déliées, disparoissent les premières dans un grand éloignement. Cela arrive, parce que dans une égale distance les images des petits objets viennent à l'œil sous un angle plus aigu que celui que forment les grands objets, et la connoissance ou le discernement des corps éloignés est d'autant plus foible, que leur quantité est plus petite : il s'ensuit donc que quand la plus grande quantité est si éloignée, qu'elle vient à l'œil sous un angle tellement aigu, qu'il a de la peine à la remarquer, une quantité encore plus petite reste entièrement imperceptible.

CHAPITRE CCCXIX. Pourquoi, à mesure que les objets s'éloignent de l'œil, ils deviennent moins connoissables.

L'OBJET qui sera plus loin de l'œil qu'un autre objet, sera aussi moins connoissable ; cela vient de ce que les premières parties qui disparoissent sont les plus menues, et les plus grosses disparoissent ensuite, mais seulement dans une plus grande distance ; ainsi en s'éloignant de plus en plus d'un objet, l'impression que font ces parties s'affoiblit tellement, qu'on ne les distingue plus, et que l'objet tout entier disparoît. La couleur même s'efface aussi par la densité de l'air qui se rencontre entre l'œil et l'objet que l'on voit.

CHAPITRE CCCXX. *Pourquoi les visages vus de loin paroissent obscurs.*

Les choses visibles qui servent d'objet aux yeux, n'y font impression que par les images qu'elles envoient ; ces images ne sont autre chose que les rayons de lumière : ces rayons partent du contour et de toutes les parties de l'objet, et passent au travers de l'air ; ils aboutissent à la prunelle de l'œil, et y forment un angle en se rencontrant ; et comme il y a toujours des vapeurs dans l'air qui nous environne, il arrive que plusieurs rayons de lumière sont rompus et n'arrivent pas jusqu'à l'œil : de sorte que dans une grande distance tant de rayons de lumière se perdent, que l'image de l'objet est confuse, et l'objet paroît obscur. Ajoutez que les organes de la vue, qui sont les parties de l'œil et le nerf optique, sont quelquefois mal disposées, et ne reçoivent point l'impression des rayons de lumière que l'objet envoie, ce qui la fait paroître obscure.

CHAPITRE CCCXXI. Dans les objets qui s'éloignent de l'œil, quelles parties disparoissent les premières, et quelles autres parties disparoissent les dernières.

Des parties d'un corps qui s'éloignent de l'œil, celle qui est plus petite, plus mince, et d'une figure moins étendue, cesse de faire impression, plutôt que celles qui sont plus grosses : cela se remarque dans les parties minces et aux membres déliés des animaux. Par exemple, on ne voit pas si-tôt le bois et les pieds d'un cerf, que son corps, qui étant plus gros et ayant plus d'étendue, se découvre de plus loin. Mais en général la première chose qui disparoît dans un objet, ce sont les contours qui le terminent, et qui donnent à ses parties leur figure.

CHAPITRE CCCXXII. De la perspective linéale.

La perspective linéale consiste à marquer exactement par des traits et des lignes la figure et la grandeur des objets dans l'éloignement où ils sont : en sorte que l'on connoisse combien la grandeur des objets diminue en apparence, et en quoi leur figure est altérée ou changée dans les différens degrés de distance, jusqu'à ce que l'éloignement les fasse entièrement disparoître. L'expérience m'a appris qu'en considérant différens objets qui sont tous égaux en grandeur, et placés dans différens degrés de distance dans un espace de vingt brasses, si ces objets sont également éloignés les uns des autres, le premier paroît une fois plus grand que le second, et le second paroît une fois plus petit que le premier, et une fois plus grand que le troisième, et ainsi des autres à proportion, par où l'on peut juger de la grandeur qu'ils paroissent avoir s'ils sont placés à des distances inégales. Mais au-delà de vingt brasses, la figure égale perdra de sa grandeur, et au-delà de quarante brasses, elle en perdra, et dans l'étendue de soixante brasses ; et la diminution se fera toujours avec la même proportion, à mesure que la distance sera plus grande. Pour appliquer maintenant ce que je viens de dire aux tableaux qu'on peint, il faut qu'un Peintre s'éloigne de son tableau deux fois autant qu'il est grand, car s'il ne s'en éloignoit qu'autant qu'il est grand, cela feroit une grande différence des premières brasses aux secondes.

CHAPITRE CCCXXIII. Des corps qui sont vus dans un brouillard.

Les objets qui seront vus enveloppés d'un brouillard, paroîtront beaucoup plus grands qu'ils ne sont en effet ; cela vient de ce que la perspective du milieu, qui est entre l'œil et son objet, ne garde pas la proportion de sa couleur avec la grandeur de cet objet, parce que la qualité de ce brouillard est semblable à celle d'un air épais qui se rencontre entre l'œil et l'horizon dans un temps serein ; et le corps qui est près de l'œil étant vu au travers d'un brouillard, semble être éloigné jusqu'à l'horizon, vers lequel une grande tour ne paroît pas si haute que le corps d'un homme qui seroit proche de l'œil.

CHAPITRE CCCXXIV. De la hauteur des édifices qui sont vus dans un brouillard.

La partie d'un édifice qui n'est pas éloigné, laquelle est plus loin de terre, paroît plus confuse à l'œil : cela vient de ce qu'il y a plus d'air nébuleux entre l'œil et le sommet de l'édifice, qu'entre l'œil et les parties basses de l'édifice ; et une tour dont les côtés sont parallèles, étant vue de loin dans un brouillard, paroîtra d'autant plus étroite qu'elle approchera davantage du rez-de-chaussée : cela arrive, parce que l'air nébuleux paroît d'autant plus blanc et plus épais qu'il est près de terre, et parce qu'un objet de couleur obscure paroît d'autant plus petit, qu'il est dans un champ plus blanc et plus épais qu'il est près de terre, et parce qu'un objet de couleur obscure paroît d'autant plus petit, qu'il est dans un champ plus blanc et plus clair. De sorte que l'air nébuleux étant plus blanc vers la superficie de la terre qu'il ne l'est un peu plus haut, il est nécessaire que cette tour, à cause de sa couleur obscure et confuse, paroisse plus étroite au pied qu'au sommet.

CHAPITRE CCCXXV. *Des villes et autres semblables édifices qu'on voit sur le soir ou vers le matin, au travers d'un brouillard.*

Dans les édifices qu'on voit de loin, vers le soir ou le matin durant un brouillard, ou au travers d'un air épais, on ne remarque dans ces édifices que les côtés qui sont tournés vers l'horizon et éclairés du soleil ; et les parties de ces édifices qui ne sont point éclairées par le soleil, restent presque de la couleur du brouillard.

CHAPITRE CCCXXVI. Pourquoi les objets plus élevés sont plus obscurs dans l'éloignement, que les autres qui sont plus bas, quoique le brouillard soit uniforme et également épais.

Des corps qui se trouvent situés dans un brouillard ou en quelqu'autre air épais, ou parmi quelque vapeur, ou dans la fumée, ou dans l'éloignement, celui qui sera plus élevé sera plus sensible à l'œil ; et entre les choses d'égale hauteur, celle qui est dans un brouillard plus obscur paroît plus obscure, comme il arrive à l'œil H, lequel voyant A B C, trois tours d'égale hauteur entre elles, il voit le sommet C de la première tour depuis R, c'est-à-dire, dans un air épais qui a deux degrés de profondeur, et il voit ensuite le sommet de la seconde tour B dans le même brouillard, mais qui n'a qu'un degré de profondeur dans ce qu'il en voit. Donc le sommet C paroîtra plus obscur que le sommet B.

CHAPITRE CCCXXVII. *Des ombres qui se remarquent dans les corps qu'on voit de loin.*

Le col dans l'homme, ou tel autre corps que l'on voudra, qui sera élevé à-plomb, et aura sur soi quelque partie en saillie, paroîtra plus obscur que la face perpendiculaire de la partie qui est en saillie, et ce corps saillant sera plus éclairé lorsqu'il recevra une plus grande quantité de lumière. Par exemple, dans la figure suivante le point A n'est éclairé d'aucun endroit du ciel F K, le point B est éclairé de la partie H K du ciel, le point C est éclairé de la partie G K, et le point D est éclairé de la partie F K toute entière ; c'est-à-dire, de presque la moitié du ciel qui éclaire notre hémisphère. Ainsi dans cette figure l'estomac tout seul est autant éclairé que le front, le nez et le menton ensemble. Il faut aussi remarquer que les visages reçoivent autant d'ombres différentes, que les distances dans lesquelles on les voit sont différentes ; il n'y a que les ombres des orbites des yeux, et celles de quelques autres parties semblables, qui sont toujours fortes ; et dans une grande distance le visage prend une demi-teinte d'ombre, et paroît obscur, parce que les lumières et les ombres qu'il a, quoiqu'elles ne soient pas les mêmes dans ses différentes parties, elles s'affoiblissent toutes dans un grand éloignement, et se confondent pour ne faire qu'une demi-teinte d'ombre : c'est aussi l'éloignement qui fait que les arbres et les autres corps paroissent plus obscurs qu'ils ne sont en effet ; et cette obscurité les rend plus marqués et plus sensibles à l'œil, en leur donnant une couleur qui tire sur l'azur, sur-tout dans les parties ombrées ; car dans celles qui sont éclairées, la variété des couleurs se conserve davantage dans l'éloignement.

CHAPITRE CCCXXVIII. *Pourquoi sur la fin du jour, les ombres des corps produites sur un mur blanc sont de couleur bleue.*

Les ombres des corps qui viennent de la rougeur d'un soleil qui se couche et qui est proche de l'horizon, seront toujours azurées ; cela arrive ainsi, parce que la superficie de tout corps opaque tient de la couleur du corps qui l'éclaire ; donc la blancheur de la muraille étant tout-à-fait privée de couleur, elle prend la teinte de son objet, c'est-à-dire, du soleil et du ciel ; et parce que le soleil vers le soir est d'un coloris rougeâtre, que le ciel paroît d'azur, et que les lieux où se trouve l'ombre ne sont point vus du soleil, puisqu'aucun corps lumineux n'a jamais vu l'ombre du corps qu'il éclaire, comme les endroits de cette muraille, où le soleil ne donne point, sont vus du ciel, l'ombre dérivée du ciel, qui fera sa projection sur la muraille blanche, sera de couleur d'azur ; et le champ de cette ombre étant éclairé du soleil, dont la couleur est rougeâtre, ce champ participera à cette couleur rouge.

CHAPITRE CCCXXIX. En quel endroit la fumée paroît plus claire.

La fumée qui est entre le soleil et l'œil qui la regarde, doit paroître plus claire et plus transparente que celle des autres endroits du tableau ; il en est de même de la poussière, des brouillards, et des autres corps semblables, qui doivent vous paroître obscurs, si vous êtes entre le soleil et eux.

CHAPITRE CCCXXX. De la poussière.

La poussière qui s'est élevée par la course de quelque animal, plus elle monte, plus elle est claire ; et au contraire, moins elle s'élève, plus elle paroît obscure, si elle se trouve entre le soleil et l'œil.

CHAPITRE CCCXXXI. De la fumée.

La fumée est plus transparente et d'une couleur moins forte aux extrémités de ses masses, qu'au centre et vers le milieu. La fumée s'élève avec d'autant plus de détours, et forme d'autant plus de tourbillons embarrassés les uns dans les autres, que le vent qui l'agite est plus fort et plus violent. La fumée prend autant de coloris différens, qu'il y a de causes différentes qui la produisent. La fumée ne fait jamais d'ombres terminées et tranchées, et ses extrémités s'affoiblissent peu à peu, et deviennent insensibles à mesure qu'elles s'éloignent de la cause qui l'a produite. Les objets qui sont derrière la fumée sont d'autant moins sensibles, que la fumée est plus épaisse. La fumée est plus blanche et plus épaisse quand elle est près de son principe, et elle paroît bleuâtre et azurée quand elle en est éloignée : le feu paroîtra d'autant plus obscur, qu'il se trouvera plus de fumée entre l'œil et lui. Dans les lieux où la fumée est plus éloignée, les corps paroissent moins offusqués ; elle fait que le paysage est tout confus, comme durant un brouillard, parmi lequel on voit en divers lieux des fumées mêlées de flammes, qui paroissent dans les masses les plus épaisses de la fumée. Quand il y a des fumées ainsi répandues dans la campagne, le pied des hautes montagnes paroît bien moins que la cime ; ce qui arrive aussi quand le brouillard est bas, et qu'il tombe.

CHAPITRE CCCXXXII. Divers préceptes touchant la peinture.

La superficie de tout corps opaque tient de la couleur du milieu transparent qui se trouve entre l'œil et cette superficie ; et plus le milieu est dense, et plus l'espace qui est entre l'œil et la superficie de l'objet est grand, plus aussi la couleur que cette superficie emprunte du milieu est forte.

Les contours des corps opaques sont d'autant moins sensibles, que ces corps sont plus éloignés de l'œil qui les voit.

Les parties des corps opaques sont plus ombrées ou plus éclairées, selon qu'elles sont plus près, ou du corps obscur qui leur fait de l'ombre, ou du corps lumineux qui les éclaire.

La superficie de tout corps opaque participe à la couleur de son objet, mais plus ou moins, selon que l'objet en est plus proche ou plus éloigné, ou qu'il fait son impression avec plus ou moins de force.

Les choses qui se voient entre la lumière et l'ombre, paroissent d'un plus grand relief que celles qui sont de tous côtés dans l'ombre ou dans la lumière.

Lorsque dans un grand éloignement vous peindrez les choses distinctes et bien terminées, ces choses, au lieu de paroître éloignées, paroîtront être proches : c'est pourquoi dans vos tableaux peignez les choses avec une telle discrétion, qu'on puisse connoître leur éloignement ; et si l'objet que vous imitez paroît confus et peu arrêté dans ses contours, représentez-le de la même manière, et ne le faites point trop fini.

Les objets éloignés paroissent, pour deux raisons, confus et peu arrêtés dans leurs contours ; la première est qu'ils viennent à l'œil sous un angle si petit, qu'ils font une impression toute semblable à celle que font les petits objets, tels que sont les ongles des doigts, les corps des insectes, dont on ne sauroit discerner la figure. La seconde est qu'entre l'œil et les objets éloignés, il y a une si grande quantité d'air qu'elle fait corps ; et cette grande quantité d'air a le même effet qu'un air épais et grossier qui par sa blancheur ternit les ombres, et les décolore en telle sorte, que d'obscures qu'elles sont, elles dégénèrent en une couleur bleuâtre, qui est entre le noir et le blanc.

Quoiqu'un grand éloignement empêche de discerner beaucoup de choses, néanmoins celles qui seront éclairées du soleil feront toujours quelque impression ; mais les autres qui ne sont pas éclairées demeureront enveloppées confusément dans les ombres, parce que cet air est plus épais et plus grossier à mesure qu'il approche de la terre : les choses donc qui seront plus basses paroîtront plus sombres et plus confuses, et celles qui sont plus élevées paroîtront plus distinctes et plus claires.

Quand le soleil colore de rouge les nuages sur l'horizon, les corps qui par leur distance paroissent de couleur d'azur, participeront à cette couleur rouge ; de sorte qu'il se fera un mélange d'azur et de rouge, qui rendra toute la campagne riante et fort agréable : tous les corps opaques qui seront éclairés de cette couleur mêlée, paroîtront fort éclatans et tireront sur le rouge, et tout l'air aura une couleur semblable à celle des fleurs de lis jaune.

L'air qui est entre la terre et le soleil, quand il se lève ou se couche, offusquera plus les corps qu'il environne que l'air qui est ailleurs, parce que l'air en ce temps-là est plus blanchâtre entre la terre et le soleil, qu'il ne l'est ailleurs.

Il n'est pas nécessaire de marquer de traits forts toutes les extrémités d'un corps auquel un autre sert de champ ; il doit au contraire s'en détacher de lui-même.

Si un corps blanc et courbe se rencontre sur un autre corps blanc, il aura un contour obscur, et ce contour sera la partie la moins claire de celles qui sont éclairées ; mais si ce contour est sur un champ obscur, il paroîtra plus clair qu'aucun autre endroit qui soit éclairé.

Une chose paroîtra d'autant plus éloignée et plus détachée d'une autre, qu'elle aura un champ plus différent de sa couleur.

Dans l'éloignement, les premiers termes des corps qui disparoissent, sont ceux qui ont leurs couleurs semblables, sur-tout si ces termes sont vis-à-vis les uns des autres ; par exemple, si un chêne est vis-à-vis d'un autre chêne semblable. Si l'éloignement augmente, on ne discernera plus les contours des corps de couleurs moyennes dont l'un sert de champ à l'autre, comme pourroient être des arbres, des champs labourés, une muraille, quelques masures, des ruines de montagnes, ou des rochers ; enfin dans un éloignement extrêmement grand, on perdra de vue les corps qui paroissent ordinairement le plus, tels que sont les corps clairs et les corps obscurs mêlés ensemble.

Entre les choses d'égale hauteur qui sont placées au-dessus de l'œil, celle qui sera plus loin de l'œil paroîtra plus basse ; et de plusieurs choses qui seront placées plus bas que l'œil, celle qui est plus près de l'œil paroîtra la plus basse, et celles qui sont parallèles sur les côtés, iront concourir au point de vue.

Dans les paysages qui ont des lointains, les choses qui sont aux environs des rivières et des marais, paroissent moins que celles qui en sont bien éloignées.

Entre les corps d'égale épaisseur, ceux qui seront plus près de l'œil paroîtront moins denses, et ceux qui sont plus éloignés paroîtront plus épais.

L'œil qui aura une plus grande prunelle verra l'objet plus grand : l'expérience s'en fait en regardant quelque corps céleste par un trou d'aiguille fait dans un papier ; car ce trou ne pouvant admettre qu'une petite portion de la lumière de ce corps céleste, ce corps semble diminuer et perdre de sa grandeur apparente, à proportion que le trou par où il est vu est plus petit que son tout, c'est-à-dire, que celui de la prunelle de l'œil.

L'air épaissi par quelques brouillards rend les contours des objets qu'il environne incertains et confus, et fait que ces objets paroissent plus grands qu'ils ne sont en effet : cela vient de ce que la perspective linéale ne diminue point l'angle visuel qui porte à l'œil les images des choses, et la perspective des couleurs, qu'on appelle aérienne, le pousse et le renvoie à une distance qui est en apparence plus grande que la véritable ; de sorte que l'une fait retirer les objets loin de l'œil, et l'autre leur conserve leur véritable grandeur.

Quand le soleil est près de se coucher, les grosses vapeurs qui tombent en ce temps-là épaississent l'air, de sorte que tous les corps qui ne sont point éclairés du soleil, demeurent obscurs et confus ; et ceux qui en sont éclairés, tiennent du rouge et du jaune qu'on voit ordinairement en ce temps-là sur l'horizon. De plus, les choses qui sont alors éclairées du soleil sont très-marquées, et frappent la vue d'une manière fort sensible, sur-tout les édifices, les maisons des villes, et les châteaux de la campagne, parce que leurs ombres sont fort obscures ; et il semble que cette clarté particulière leur vienne tout d'un coup, et naisse de l'opposition qu'il y a entre la couleur vive et éclatante de leurs parties hautes qui sont éclairées, et la couleur sombre de leurs parties basses qui ne le sont pas, parce que tout ce qui n'est point vu du soleil est d'une même couleur.

Quand le soleil est près de se coucher, les nuages d'alentour qui se trouvent les plus près de lui, sont éclairés par-dessous du côté qu'il les regarde, et les autres qui sont en deçà, deviennent obscurs, et paroissent colorés d'un rouge brun ; et s'ils sont légers et transparens, ils prennent peu d'ombre.

Une chose qui est éclairée par le soleil l'est encore par la lumière universelle de l'air, si bien qu'il se forme deux sortes d'ombres, dont la plus obscure sera celle qui aura sa ligne centrale, directement vers le centre du soleil. La ligne centrale de la lumière primitive et dérivée, étant allongée et continuée dans l'ombre, formera la ligne centrale de l'ombre primitive et dérivée.

C'est une chose agréable à voir que le soleil quand il est à son couchant, et qu'il éclaire le haut des maisons, des villes et des châteaux, la cime des grands arbres, et qu'il les dore de ses rayons ; tout ce qui est en bas au-dessous des parties éclairées, demeure obscur et presque sans aucun relief, parce que ne recevant de lumière que de l'air, il y a fort peu de différence entre l'ombre et le jour de ces parties basses, c'est pourquoi leur couleur a peu de force. Entre ces corps, ceux qui s'élèvent davantage et qui sont frappés des rayons du soleil, participent, comme il a été dit, à la couleur et à l'éclat de ses rayons ; tellement que vous devez prendre de la couleur même dont vous peignez le soleil, et la mêler dans les teintes de tous les clairs des autres corps que vous feignez en être éclairés.

Il arrive encore assez souvent qu'un nuage paroîtra obscur sans recevoir aucune ombre d'un autre nuage détaché de lui, et cela arrive selon l'aspect et la situation de l'œil, parce qu'étant près de ce nuage, il en découvre seulement la partie qui est dans l'ombre ; mais d'un autre endroit plus éloigné, il verroit le côté qui est éclairé et celui qui est dans l'ombre.

Entre les corps d'égale hauteur, celui qui sera plus loin de l'œil lui paroîtra le plus bas. Remarquez en la figure suivante que des deux nuages qui y sont représentés, bien que le premier qui est plus près de l'œil soit plus bas que l'autre, néanmoins il paroît être plus haut, comme on le démontre sur la ligne perpendiculaire A N, laquelle fait la section de la pyramide du rayon visuel du premier et plus bas nuage en M A, et du second, qui est le plus haut en N M, au-dessous de M A. Il peut arriver aussi par un effet de la perspective aérienne, qu'un nuage obscur vous paroisse être plus haut et plus éloigné qu'un autre nuage clair et vivement éclairé vers l'horizon des rayons du soleil, lorsqu'il se lève ou qu'il se couche.

CHAPITRE CCCXXXIII. *Une chose peinte qu'on suppose à une certaine distance, ne paroît jamais si éloignée qu'une chose réelle qui est à cette distance, quoiqu'elles viennent toutes deux à l'œil sous la même ouverture d'angle.*

Je peins sur la muraille B C, une maison qui doit paroître à la distance de mille pas, puis à côté de mon tableau j'en découvre une réelle, qui est véritablement éloignée de mille pas ; ces maisons sont tellement disposées, que la ligne A C fait la section de la pyramide du rayon visuel à même ouverture d'angle ; néanmoins jamais avec les deux yeux on ne verra paroître ces deux maisons de même grandeur, ni également éloignées.

CHAPITRE CCCXXXIV. Du champ des tableaux.

La principale chose, et la plus nécessaire pour donner du relief à la peinture, est de considérer le champ des figures sur lequel les termes ou les extrémités des corps qui ont la superficie convexe, font toujours connoître leur figure, quoique les couleurs des corps soient les mêmes que les couleurs de leur fond ; cela vient de ce que les termes ou les extrémités convexes d'un corps ne prennent pas leur lumière de la même sorte que leur fond, quoiqu'il soit éclairé par le même jour, parce que souvent le contour sera plus clair ou plus obscur que le fond sur quoi il est ; mais s'il arrive que le contour ait la même couleur que le fond, et au même degré de clarté ou d'obscurité, on ne pourra discerner le contour de la figure ; et cette uniformité d'espèces et de degrés dans les couleurs, doit être soigneusement évitée par les Peintres judicieux et intelligens, parce que l'intention d'un Peintre est de faire voir que ses figures se détachent de leur fond ; et dans cette conjoncture le contraire arrive, non-seulement à l'égard de la peinture, mais encore dans les figures qui sont de relief.

CHAPITRE CCCXXXV. Du jugement qu'on doit faire des ouvrages d'un Peintre.

Premièrement, vous devez considérer si les figures ont un relief conforme au lieu où elles sont, et à la lumière qu'elles reçoivent. Les ombres ne doivent pas être les mêmes aux extrémités et au milieu des groupes ; car il y a bien de la différence entre des objets qui sont tout environnés d'ombres, et des objets qui n'en ont que d'un côté. Les figures qui sont dans le milieu d'un groupe sont environnées d'ombres de tous côtés ; car du côté de la lumière, les figures qui sont entre elles et la lumière leur envoient de l'ombre ; mais les figures qui sont aux extrémités des groupes ne sont dans l'ombre que d'un côté, car de l'autre elles reçoivent la lumière. C'est au centre des figures qui composent une histoire que se trouve la plus grande obscurité ; la lumière n'y peut pénétrer, le plus grand jour est ailleurs, et il répand sa clarté sur les autres parties du tableau.

Secondement, que dans l'ordonnance ou la disposition des figures, il paroisse qu'elles sont accommodées au sujet et à la représentation de l'histoire que le Peintre a traitée.

Troisièmement, que les figures soient attentives au sujet pour lequel elles se trouvent là, et qu'elles aient une attitude et une expression convenable à ce qu'elles font.

CHAPITRE CCCXXXVI. *Du relief des figures qui sont éloignées de l'œil.*

Un corps opaque paroîtra avoir moins de relief selon qu'il sera plus loin de l'œil ; cela arrive, parce que l'air qui se rencontre entre l'œil et le corps opaque, étant plus clair que n'est l'ombre de ce corps, il corrompt cette ombre, la ternit, et en affoiblit la teinte obscure ; ce qui fait perdre à ce corps son relief.

CHAPITRE CCCXXXVII. Des contours des membres du côté du jour.

Le contour d'un membre du côté qu'il est éclairé, paroîtra d'autant plus obscur qu'il sera vu sur un fond plus clair ; et, par la même raison, il paroîtra d'autant plus clair qu'il se trouvera sur un fond plus obscur : et si ce contour étoit d'une forme plate, et sur un fond clair semblable en couleur et en clarté, il seroit insensible à l'œil.

CHAPITRE CCCXXXVIII. Des termes ou extrémités des corps.

Les termes des corps qui sont à une distance médiocre, ne seront jamais si sensibles que ceux des corps qui sont plus près ; ils ne doivent point aussi être touchés d'une manière si forte. Un Peintre doit donc tracer le contour des objets avec plus ou moins de force, selon qu'ils sont plus ou moins éloignés. Le terme qui sépare un corps d'un autre, est comme une ligne, mais une ligne qui n'est pas différente du corps même qu'elle termine ; une couleur commence où une autre couleur finit, sans qu'il y ait rien entre ces deux couleurs. Il faut donc donner aux contours et aux couleurs le degré de force ou d'affoiblissement que demande l'éloignement des objets.

CHAPITRE CCCXXXIX. *De la carnation, et des figures éloignées de l'œil.*

Il faut qu'un Peintre qui représente des figures et d'autres choses éloignées de l'œil, en esquisse seulement la forme par une légère ébauche des principales ombres, sans rien terminer ; et pour cette espèce de figures, il doit choisir le soir ou un temps nébuleux, évitant sur-tout, comme j'ai dit, les lumières et les ombres terminées, parce qu'elles n'ont pas de grace, elles sont difficiles à exécuter, et étant vues de loin, elles ressemblent à des taches. Souvenez-vous aussi de ne pas faire les ombres si obscures, que par leur noirceur elles noient et éteignent leur couleur originale, si ce n'est que les corps soient placés dans un lieu entièrement rempli de ténèbres ; ne marquez point les contours des membres ni des cheveux ; ne rehaussez point les jours de blanc tout pur, si ce n'est sur les choses blanches, et que les clairs fassent connoître la véritable et parfaite teinte de la couleur de l'objet.

CHAPITRE CCCXL. *Divers préceptes de la peinture.*

Dans les grands clairs et dans les ombres fortes, la figure et les contours des objets ne se peuvent discerner qu'avec beaucoup de peine ; les parties des objets qui sont entre les plus grands clairs et les ombres, sont celles qui paroissent davantage et qu'on distingue le mieux.

La perspective, en ce qui concerne la Peinture, se divise en trois parties principales, dont la première consiste en la diminution de quantité qui se fait dans la dimension des corps selon leurs diverses distances. La seconde est celle qui traite de l'affoiblissement des couleurs des corps. La troisième apprend à marquer plus ou moins les termes et les contours des objets, selon que ces objets sont plus ou moins éloignés : de cette manière plus ou moins forte de tracer les contours, dépend la facilité qu'on a à les discerner, et la connoissance qu'on a de la figure des corps dans les divers degrés d'éloignement où ils sont.

L'azur de l'air est d'une couleur composée de lumière et de ténèbres : Je dis de lumière, car c'est ainsi que j'appelle les parties étrangères des vapeurs qui sont répandues dans l'air, et que le soleil rend blanches et éclatantes. Par les ténèbres j'entends l'air pur, qui n'est point rempli de ces parties étrangères qui reçoivent la lumière du soleil, l'arrêtent sans lui donner passage, et la réfléchissent de tous côtés. On peut remarquer ce que je dis dans l'air qui se trouve entre l'œil et les montagnes, lesquelles sont obscurcies par la grande quantité d'arbres qui les couvrent, ou qui sont obscures du côté qu'elles ne sont point éclairées du soleil ; car l'air paroît de couleur d'azur de ces côtés-là ; mais il n'en est pas de même du côté que ces montagnes sont éclairées, et bien moins encore dans les lieux couverts de neige. Entre les choses d'une égale obscurité, et qui sont dans une distance égale, celle qui sera sur un champ plus clair paroîtra plus obscure, et celle qui sera sur un champ plus obscur paroîtra plus claire. La chose qui sera peinte avec plus de blanc et plus de noir, aura un plus grand relief qu'aucune autre. C'est pour cela que j'avertis ici les Peintres de colorier leurs figures de couleurs vives et les plus claires qu'ils pourront ; car s'ils leur donnent des teintes obscures, elles n'auront guère de relief, et paroîtront peu de loin : ce qui arrive, parce que les ombres de tous les corps sont obscures ; et si vous faites une draperie d'une teinte obscure, il y aura peu de différence entre le clair et l'obscur ; c'est-à-dire, entre ce qui est éclairé et ce qui est dans l'ombre ; au lieu que dans les couleurs vives et claires, la différence s'y remarquera sensiblement.

CHAPITRE CCCXLI. *Pourquoi les choses imitées parfaitement d'après le naturel, ne paroissent pas avoir le même relief que le naturel.*

Il n'est pas possible que la peinture, quoiqu'exécutée avec une très-exacte perfection et une juste précision de contours, d'ombres, de lumières et de couleurs, puisse faire paroître autant de relief que le naturel, à moins qu'elle ne soit vue avec un seul œil : cela se démontre ainsi. Soient les yeux A B, lesquels voient l'objet C par le concours des lignes centrales ou rayons visuels A C et B C. Je dis que les lignes ou côtés de l'angle visuel qui comprennent les centrales, voient encore au-delà, et derrière le même objet l'espace G D et l'œil A voit tout l'espace F D, et l'œil B voit tout l'espace G E ; donc les deux yeux voient derrière l'objet C tout l'espace F E, de sorte que par ce moyen cet objet C est comme s'il étoit transparent, selon la définition de la transparence, derrière laquelle rien n'est caché : ce qui ne peut pas arriver à celui qui verra ce même objet avec un seul œil, l'objet étant d'une plus grande étendue que l'œil. De tout ceci nous pouvons conclure et résoudre notre question ; savoir, qu'une chose peinte couvre tout l'espace qui est derrière elle, et qu'il n'y a nul moyen de découvrir aucune partie du champ que la surface comprise dans son contour cache derrière elle.

CHAPITRE CCCXLII. *De la manière de faire paroître les choses comme en saillie, et détachées de leur champ, c'est-à-dire, du lieu où elles sont peintes.*

Les choses peintes sur un fond clair et plein de lumière, auront un plus grand relief que si elles étoient peintes sur un champ obscur : c'est pourquoi, si vous voulez que votre figure ait beaucoup de force et de rondeur, faites en sorte que la partie la plus éloignée du jour en reçoive quelque reflet, parce que si elle étoit obscure en cette partie, et qu'elle vînt à se rencontrer encore dans un champ obscur, les termes de ses contours seroient confus ; de sorte que sans l'aide de quelques reflets tout l'ouvrage demeure sans grace : car de loin on ne discerne que les parties qui sont éclairées, et les parties obscures semblent être du champ même ; et ainsi les choses paroissent coupées et mutilées de tout ce qui se perd dans l'obscurité, et elles n'ont pas tant de relief.

CHAPITRE CCCXLIII. Quel jour donne plus de grace aux figures.

Les figures auront plus de grace étant mises dans la lumière universelle de la campagne, que dans une lumière particulière ; parce que cette grande lumière étant forte et étendue, elle environne et embrasse le relief des corps, et les ouvrages qui ont été faits en ces lumières, paroissent de loin et avec grace ; au lieu que ceux que l'on peint à des jours de chambre où la lumière est petite et resserrée, prennent des ombres très-fortes ; et les ouvrages faits avec des ombres de cette espèce ne paroissent jamais de loin, que comme une simple teinte, et une peinture plate.

CHAPITRE CCCXLIV. *Que dans les paysages il faut avoir égard aux différens climats, et aux qualités des lieux que l'on représente.*

Vous prendrez garde de ne pas représenter dans les lieux maritimes et dans ceux qui sont vers les parties méridionales, les arbres ou les prairies pendant l'hiver, comme dans les pays fort éloignés de la mer, et dans les pays septentrionaux, si ce n'étoit de ces sortes d'arbres qui conservent leur verdure toute l'année, et qui jettent continuellement de nouvelles feuilles.

CHAPITRE CCCXLV. Ce qu'il faut observer dans la représentation des quatre saisons de l'année, selon qu'elles sont plus ou moins avancées.

Dans un automne vous ferez les choses conformément à la qualité du temps ; c'est-à-dire, qu'au commencement de cette saison les feuilles des arbres qui sont aux plus vieilles branches commencent à devenir pâles, plus ou moins, selon la stérilité ou la fertilité du lieu ; et ne faites pas comme plusieurs Peintres qui donnent toujours une même teinte et la même qualité de verd à toutes sortes d'arbres, lorsqu'ils sont à la même distance. Ce que je dis doit aussi s'entendre du coloris des prairies, des rochers, des troncs d'arbres, et de toutes sortes de plantes, où il faut toujours apporter de la variété ; car la nature diversifie ses ouvrages à l'infini.

CHAPITRE CCCXLVI. De la manière de peindre ce qui arrive lorsqu'il y a du vent.

Dans la représentation du vent, outre que les arbres auront leurs branches courbées et pliées par l'agitation de l'air, et leurs feuilles recoquillées vers le côté où souffle le vent, il faut encore que l'on voie la poussière s'élever en tourbillons, et se mêler confusément dans l'air.

CHAPITRE CCCXLVII. Du commencement d'une pluie.

Lorsque la pluie tombe, elle obscurcit l'air, le ternit, et lui donne une couleur triste et plombée, prenant d'un côté la lumière du soleil, et l'ombre de l'autre, ainsi qu'on remarque sur les nuages. La terre devient sombre étant offusquée par la pluie qui lui dérobe la lumière du soleil ; les objets qu'on voit à travers la pluie paroissent confus et tout informes ; mais les choses qui seront plus près de l'œil seront plus aisées à discerner, et on reconnoîtra mieux celles qui se trouveront vers le côté où la pluie fait ombre, que de celui auquel elle est éclairée ; cela vient de ce que les choses qu'on voit dans l'ombre de la pluie, ne perdent-là que leurs principales lumières ; au lieu que celles que l'on voit vers le côté où la pluie est éclairée, perdent la lumière et l'ombre ; parce que toutes leurs parties éclairées se confondent dans la clarté de l'air, et les parties qui sont dans l'ombre sont éclairées par la même lumière de l'air éclairé.

CHAPITRE CCCXLVIII. De l'ombre des ponts sur la surface de l'eau qui est au-dessous.

L'OMBRE des ponts ne peut jamais être vue sur l'eau qui passe dessous, que premièrement cette eau n'ait perdu sa transparence, qui la rend semblable à un miroir, et qu'elle ne soit devenue trouble et boueuse ; la raison est, que l'eau claire étant lustrée et polie en sa surface, l'image du pont s'y forme et s'y réfléchit en tous les endroits qui sont placés à angles égaux, entre l'œil et le corps du pont, et l'air se voit même sous le pont aux lieux où est le vide des arches : ce qui n'arrivera pas, lorsque l'eau sera trouble, parce que la transparence et le lustre d'où vient l'effet du miroir, ne s'y trouve plus ; mais elle recevra l'ombre, de même que fait le plan d'une rue poudreuse.

CHAPITRE CCCXLIX. Usage de la Perspective dans la Peinture.

La Perspective est la règle de la peinture ; la grandeur d'une figure peinte, doit faire connoître la distance d'où elle est vue, et si la figure vous paroît de la grandeur du naturel, vous jugerez qu'elle est proche de l'œil.

CHAPITRE CCCL. De l'équilibre des figures.

Le nombril se trouve toujours dans la ligne centrale de l'estomac, qui est depuis le nombril en montant en haut ; c'est pourquoi dans l'équilibre du corps de l'homme on aura autant d'égard au poids étranger ou accidentel, qu'à son poids naturel : cela se voit manifestement, lorsque la figure étend le bras ; car le poing qui est à l'extrémité du bras sert à contrebalancer le poids qui est de l'autre côté, si bien qu'il faut par nécessité que la figure en renvoie autant de l'autre côté du nombril, qu'en emporte le poids extraordinaire du bras étendu avec le poing, et il est souvent besoin que pour cet effet le talon se hausse et demeure en l'air.

CHAPITRE CCCLI. Pratique pour ébaucher une statue.

Si vous voulez faire une figure de marbre dressez-en premièrement un modèle de terre : après qu'il sera achevé et sec, il le faudra mettre dans une caisse assez grande pour contenir (après que le modèle de terre en sera ôté) le bloc de marbre sur lequel vous voulez tailler une figure semblable à celle qui est de terre ; puis ayant posé dans cette caisse votre modèle, ayez des baguettes, lesquelles puissent entrer justement et précisément par des trous que vous ferez à la caisse ; poussez dans chaque trou quelqu'une de ces baguettes, qui doivent être blanches, en sorte qu'elle aille toucher et rencontrer la figure en divers endroits ; le reste de ces baguettes qui demeurera hors de la caisse, vous le marquerez de noir avec une marque particulière à chaque baguette et à son trou, afin que vous les puissiez reconnoître et remettre à la même place quand vous le voudrez ; puis vous tirerez hors de la caisse votre modèle de terre, pour y mettre dans sa place le bloc de marbre, que vous dégrossirez et ébaucherez, jusqu'à ce que toutes vos baguettes entrent et soient cachées jusqu'à leur marque en chaque trou ; et pour pouvoir mettre plus commodément votre dessin en exécution, faites en sorte que le coffre de la caisse se puisse lever en haut (le fond de la caisse demeurant toujours en bas sous le bloc de marbre) ; car ainsi avec vos outils de fer, vous en pourrez tailler ce qu'il faudra avec une grande facilité.

CHAPITRE CCCLII. Comment on peut faire une peinture qui sera presque éternelle, et paroîtra toujours fraîche.

AYANT tracé sur une feuille de papier fin bien tendue sur un chassis, le dessin que vous voulez peindre, vous y mettrez premièrement une bonne et grosse couche faite de carreau pilé et de poix, puis une autre couche de blanc et de macicot, sur laquelle vous mettrez les couleurs convenables à votre dessin ; vous le vernirez ensuite avec de vieille huile cuite, qui soit claire et fort épaisse ; puis vous collerez dessus avec le même vernis un carreau de verre bien net et bien plat. Mais il vaut encore mieux prendre un carreau de terre bien vitrifié, et mettre dessus une couche de blanc et de macicot, et puis peindre et appliquer le vernis, et le couvrir d'un beau cristal ; mais auparavant il faudra bien faire sécher votre peinture dans une étuve, et ensuite la vernir avec de l'huile de noix et de l'ambre, ou bien seulement de l'huile de noix bien épurée et épaissie au soleil[2].

---

2   L'invention qu'on a trouvée depuis quelque temps de peindre en

CHAPITRE CCCLIII. Manière d'appliquer les couleurs sur la toile.

émail avec tant de perfection, est très-convenable au titre de ce Chapitre, et bien plus excellente que la méthode qui nous est décrite ici par l'Auteur.

Tendez votre toile sur un chassis, et lui donnez une légère couche de colle de gants, laquelle étant sèche, dessinez votre tableau, et couchez la teinte des carnations avec des brosses, et en même temps pendant qu'elle est toute fraîche, vous y marquerez à votre manière les ombres qui doivent être fort douces. La carnation se fera de blanc, de lacque, et de macicot ; la teinte de l'ombre sera composée de noir et de terre d'ombre, ou d'un peu de lacque, si vous voulez avec de la pierre noire. Après avoir légèrement ébauché votre tableau, laissez-le sécher, puis vous le retoucherez à sec, avec de la lacque détrempée dans de l'eau de gomme, et qui ait été gardée long-temps en cette eau de gomme, parce qu'elle est alors d'un meilleur usage, et elle ne porte point de lustre lorsqu'elle est mise en œuvre. Pour faire encore vos ombres plus noires, prenez de la lacque dont je viens de parler, détrempée avec de l'encre gommée ; et de cette teinte vous pourrez ombrer plusieurs couleurs, parce qu'elle est transparente, et elle sera fort bonne pour donner les ombres à l'azur, à la lacque, au vermillon, et à quelques autres semblables couleurs.

CHAPITRE CCCLIV. Usage de la Perspective dans la peinture.

QUAND un brouillard ou quelqu'autre qualité de l'air vous empêchera de remarquer de la variété dans le clair des jours, ou dans le noir des ombres, qui environnent les choses que vous imitez, alors n'ayez plus d'égard en peignant à la perspective des couleurs ; mais servez-vous seulement de la perspective linéale pour les diminuer, à proportion de leur distance, ou bien de la perspective aérienne, qui affoiblit et diminue la connoissance des objets, en les représentant moins terminés et moins finis : car cette sorte de perspective fait paroître une même chose plus ou moins éloignée, selon qu'elle représente sa figure plus ou moins terminée. L'œil n'arrivera jamais par le moyen de la perspective linéale, à la connoissance de l'intervalle qui est entre deux objets diversement éloignés, s'il n'est aidé du raisonnement qu'on tire de la perspective aérienne, qui consiste dans l'affoiblissement des couleurs.

CHAPITRE CCCLV. De l'effet de la distance des objets.

DANS un objet la partie qui se trouvera plus proche du corps lumineux, d'où il prend son jour, en sera plus fortement éclairée ; l'image des choses dans l'éloignement, perd autant de degrés de force qu'il y a de degrés d'éloignement ; c'est-à-dire, qu'à proportion que la chose sera vue de plus loin, elle sera d'autant moins sensible à l'œil et moins connoissable au travers de l'air.

CHAPITRE CCCLVI. De l'affoiblissement des couleurs, et de la diminution apparente des corps.

Il faut observer que la teinte des couleurs s'affoiblisse et se décolore, à mesure que les corps que l'on peint diminuent par l'éloignement.

CHAPITRE CCCLVII. Des corps transparens qui sont entre l'œil et son objet.

Plus un corps transparent situé entre l'œil et son objet, est grand, et plus il occupe d'espace ; plus aussi la couleur de l'objet sera changée et transformée en une couleur semblable à celle du corps transparent. Quand l'objet vient se rencontrer entre l'œil et la lumière, vis-à-vis de la ligne centrale qui s'étend entre le centre de la lumière et de l'œil, alors cet objet se trouve entièrement privé de lumière.

CHAPITRE CCCLVIII. Des draperies qui couvrent les figures, et de la manière de jeter les plis.

Les draperies dont les figures sont habillées, doivent être tellement accommodées dans leurs plis, autour des membres qu'elles couvrent, qu'on ne voie point de plis avec des ombres fort obscures dans les parties de ces draperies qui sont éclairées du plus grand jour, et que dans les lieux qui sont couverts d'ombre, il ne s'y rencontre point aussi de plis qui prennent une lumière trop vive, et que les contours et la manière des plis suivent et représentent en quelques endroits la forme du membre qu'ils couvrent : prenez bien garde aussi de ne point faire de ces faux contours trop rompus, qui détruisent la forme du membre, en pénétrant dans le vif par des ombres trop cochées et plus profondes que ne peut être la superficie du corps qu'elles couvrent ; mais qu'en effet la draperie soit accommodée et jetée de telle sorte, qu'elle ne paroisse pas un habillement sans corps ; c'est-à-dire, un amas d'étoffes, ou des habits dépouillés et sans soutien, comme on le voit faire à plusieurs Peintres, qui se plaisent tant à entasser une grande quantité de plis, qui embarrassent leurs figures, sans penser à l'usage pour lequel ces étoffes ont été faites, qui est d'habiller et de couvrir avec grace les parties du corps sur lesquelles elles sont, et non pas de l'en charger et de l'en accabler, comme si ce corps n'étoit qu'un ventre, ou que tous ses membres fussent autant de vessies enflées sur les parties qui ont du relief. Je ne veux pas dire néanmoins que l'on doive négliger de faire quelques beaux plis sur les draperies ; mais il faut qu'ils soient placés et accommodés judicieusement aux endroits de la figure, où les membres, par la position ou par l'action qu'ils font entre eux, ou par l'attitude de tout le corps, ramassent cette draperie ; et sur-tout qu'on prenne garde dans les histoires et dans les compositions de plusieurs figures, d'y apporter de la variété aux draperies, comme si l'on fait en quelques-uns de gros plis à la manière des draps de laine fort épais, qu'on en fasse aussi en quelques autres de plus serrés et de plus menus, comme sont ceux d'une étoffe fine de soie, avec des contours, les uns plus droits et plus tranchés, les autres plus doux et plus tendres.

CHAPITRE CCCLIX. De la nature et de la variété des plis des draperies.

Beaucoup de Peintres se plaisent à faire leurs draperies fort cochées, avec des angles aigus, et d'une manière crue et tranchée ; d'autres suivent une manière plus douce, et leur donnent des angles presque insensibles ; quelques-uns les font sans aucuns angles, se contentant de donner aux plis quelque peu de profondeur.

CHAPITRE CCCLX. Comment on doit ajuster les plis des draperies.

La partie d'une draperie qui se trouvera plus éloignée du lieu où elle est contrainte de faire des plis, reviendra toujours à son état naturel. Toute chose desire naturellement de se conserver en son être ; par conséquent une étoffe qui est d'une égale force et d'une égale épaisseur au-devant et au revers, tâche de demeurer plate ; c'est pourquoi lorsqu'elle est contrainte par quelque pli de quitter sa forme plate, on remarque dans le lieu de sa plus grande contrainte, qu'elle s'efforce continuellement de revenir en son état naturel ; de sorte que dans la partie la plus éloignée de cette contrainte, elle se trouve plus approchante de son premier état ; c'est-à-dire, plus étendue et plus dépliée. Soit, par exemple, A B C le pli de la draperie, et A B l'endroit de sa plus grande contrainte et le plus plié ; je vous ai dit que la partie de l'étoffe qui étoit plus loin du lieu où elle est contrainte de se plier, tiendroit davantage de sa première forme, et reviendroit plus à son état naturel, de sorte que C se trouvant plus loin du pli, il sera plus large et plus étendu qu'aucune autre partie.

CHAPITRE CCCLXI. Comment on doit ajuster les plis des draperies.

UNE draperie ne doit point être remplie d'une grande quantité de plis embarrassés ; au contraire, il en faut faire seulement aux lieux où elle est contrainte et retenue avec les mains ou avec les bras, laissant tomber le reste simplement et naturellement : il faut aussi les voir et les dessiner sur le naturel ; c'est-à-dire, si vous voulez représenter une draperie de laine, dessinez ses plis sur une étoffe semblable ; de même si vous voulez qu'elle paroisse de soie ou de quelque étoffe fine, ou bien d'un gros drap de bure pour des villageois, diversifiez-les chacune par la forme de ses plis, et ne les dessinez jamais, comme font plusieurs, sur des modèles couverts de papier mouillé ou de peaux légères, parce que vous pourriez y être fort trompé.

CHAPITRE CCCLXII. Des plis des draperies des membres qui sont vus en raccourci.

Aux endroits où la figure se raccourcit, faites-y paroître un plus grand nombre de plis qu'aux endroits où elle n'est point raccourcie, ou bien faites qu'ils soient entourés de beaucoup de plis. Par exemple, soit E le lieu de la position de l'œil. La figure M N envoie le centre de chaque cercle des plis successivement plus loin de la ligne de leur contour, à proportion qu'ils s'éloignent de l'œil ; la figure N O montre les contours des cercles presque tous droits, parce qu'elle se rencontre directement vis-à-vis de l'œil ; et P Q les fait paroître tout au contraire de la première figure N M.

CHAPITRE CCCLXIII. *De quelle sorte l'œil voit les plis des draperies qui sont autour des membres du corps de l'homme.*

Les ombres qui se rencontrent entre les plis des draperies qui sont autour des membres du corps de l'homme, seront d'autant plus obscures, qu'elles seront plus directement vis-à-vis de l'œil, avec les creux au fond desquels les ombres sont produites : ce que j'entends seulement quand l'œil est placé entre la partie éclairée de la figure, et celle qui est dans l'ombre.

CHAPITRE CCCLXIV. Des plis des draperies.

Les plis des habillemens en quelque action de la figure qu'ils se rencontrent, doivent toujours montrer par la forme de leurs contours l'attitude de la figure, en sorte qu'ils ne laissent aucun doute sur la véritable position du corps à celui qui la considère, et qu'il n'y ait point de pli qui, par son ombre, fasse rompre aucun des membres ; c'est-à-dire, qui paroisse plus coché dans sa profondeur que n'est le vif ou la surface du membre qu'il couvre ; et si vous représentez des figures habillées de plusieurs étoffes l'une sur l'autre, qu'il ne semble point que la dernière renferme en soi le simple squelette des figures ; mais qu'elles paroissent encore bien garnies de chair, avec une épaisseur convenable à la quantité de ces draperies. Les plis des draperies qui environnent les membres, doivent diminuer de leur grosseur vers l'extrémité de la partie qu'ils environnent. La longueur des plis qui sont plus serrés autour des membres, doit faire plusieurs replis sur le côté où le membre diminue par son raccourcissement, et s'étendre de l'autre côté opposé.

CHAPITRE CCCLXV. *De l'horizon qui paroît dans l'eau.*

Par la sixième proposition de notre Traité de Perspective, on verra paroître l'horizon, comme dans un miroir, vers le côté de l'eau qui se trouvera opposé à l'horizon et à l'œil ; comme il paroît en la figure suivante, où l'horizon F est vu du côté B C, tandis que le même côté est encore vu de l'œil ; de manière qu'un Peintre ayant à représenter quelque étendue d'eau, il doit se souvenir que la couleur de cette eau ne sauroit avoir une autre teinte, soit claire, soit obscure, que celle du lieu circonvoisin dans lequel elle est, et que cette couleur doit être encore mêlée des couleurs des autres choses qui sont derrière lui.

FIN

Conclusion :

Toute chose desire naturellement de se conserver en son être ; par conséquent une étoffe qui est d'une égale force et d'une égale épaisseur au-devant et au revers, tâche de demeurer plate ; c'est pourquoi lorsqu'elle est contrainte par quelque pli de quitter sa forme plate, on remarque dans le lieu de sa plus grande contrainte, qu'elle s'efforce continuellement de revenir en son état naturel ; de sorte que dans la partie la plus éloignée de cette contrainte, elle se trouve plus approchante de son premier état ; c'est-à-dire, plus étendue et plus dépliée. Soit, par exemple, A B C le pli de la draperie, et A B l'endroit de sa plus grande contrainte et le plus plié ; je vous ai dit que la partie de l'étoffe qui étoit plus loin du lieu où elle est contrainte de se plier, tiendroit davantage de sa première forme, et reviendroit plus à son état naturel, de sorte que C se trouvant plus loin du pli, il sera plus large et plus étendu qu'aucune autre partie.

Source :

Ce livre est issu de la bibliothèque numérique Wikisource

Cette œuvre est mise à disposition sous licence Attribution - Partage dans les Mêmes Conditions 3.0 non transposé. Pour voir une copie de cette licence, visitez http://creativecommons.org/licenses/by-sa/3.0/ ou écrivez à Creative Commons, PO Box 1866, Mountain View, CA 94042, USA.

www.ingramcontent.com/pod-product-compliance
Lightning Source LLC
Chambersburg PA
CBHW030013190526
45157CB00016B/2513